"十二五"职业教育国家规划教材

经全国职业教育教材审定委员会审定

橡塑制品厂工艺设计

第三版

朱信明 张 馨 主编

化学工业出版社

·北京·

本书是"十二五"职业教育国家规划教材，是按照教育部对高职高专人才培养指导思想，在广泛吸取近几年高职高专人才培养经验的基础上，从橡塑制品厂工艺设计的工作要求出发，着重体现橡塑制品厂工艺设计岗位所要求的专业知识、操作技能和工作规范，根据行业企业的新发展，设置教学情景和项目任务。全书共分三个学习情景、七个项目。情境一，橡塑制品厂的特点与工厂设计一般知识，设置两个项目；情境二，橡塑制品厂工艺设计，设置两个项目，其中一个为拓展项目；情境三，橡塑制品厂典型车间工艺设计与布置，设置三个项目，其中两个为拓展项目。

　　本书可作为高职高专高分子材料应用技术专业、橡胶制品专业、塑料成型加工专业教材，也可供中职学校高分子类专业使用，或供橡胶行业、塑料行业、废旧橡塑制品回收与循环利用行业的工程技术和管理人员参考。

图书在版编目（CIP）数据

橡塑制品厂工艺设计/朱信明，张馨主编 . —3 版 . 北京：化学工业出版社，2015.6
"十二五"职业教育国家规划教材
ISBN 978-7-122-23335-6

Ⅰ. ①橡… Ⅱ. ①朱…②张… Ⅲ. ①橡胶制品-生产工艺-高等职业教育-教材②塑料制品-生产工艺-高等职业教育-教材 Ⅳ. ①TQ336②TQ320.63

中国版本图书馆 CIP 数据核字（2015）第 053891 号

责任编辑：于　卉　　　　　　　　文字编辑：李　玥
责任校对：边　涛　　　　　　　　装帧设计：王晓宇

出版发行：化学工业出版社（北京市东城区青年湖南街 13 号　邮政编码 100011）
印　　刷：北京市振南印刷有限责任公司
装　　订：三河市宇新装订厂
787mm×1092mm　1/16　印张 9¾　字数 226 千字　2015 年 9 月北京第 3 版第 1 次印刷

购书咨询：010-64518888（传真：010-64519686）　售后服务：010-64518899
网　　址：http://www.cip.com.cn

凡购买本书，如有缺损质量问题，本社销售中心负责调换。

定　　价：25.00 元

前　言

本书是"十二五"职业教育国家规划教材，2004 年出版（第一版）以来，深受广大读者欢迎。2007 年被评为普通高等教育"十一五"国家级规划教材，并根据"十一五"规划教材要求进行了修订，于 2010 年出版（第二版）。2013 年被评为"十二五"职业教育国家规划教材。

本次修订从橡塑制品厂工艺设计的工作要求出发，着重体现橡塑制品厂工艺设计岗位所要求的专业知识、操作技能和工作规范，根据行业企业的新发展，调整教学项目和任务。结合企业现场环境和运行管理方式，重新设计学习情景与项目。全书共分为三个学习情景、七个项目。情境一，橡塑制品厂的特点与工厂设计一般知识，设置两个项目；情境二，橡塑制品厂工艺设计，设置两个项目，其中一个为拓展项目；情境三，橡塑制品厂典型车间工艺设计与布置，设置三个项目，其中两个为拓展项目。第三版内容处理上，更加注重实际应用环节，对各学习情景内容进行了必要的增删，并融入近几年出现的新知识、新工艺、新材料，具有科学性、先进性、突出应用能力培养等特点。

本次修订对教材结构进行了修改。对每一个学习情景，给出学习指南；每一个情景中的项目，按照项目导言、学习目标、项目任务、项目验收标准、工作任务等结构编写。使学生首先对项目的由来、背景资料、工作坏境等内容有一定了解，其后明确本项目所要达到的能力目标、知识目标和素质目标；再后是具体的工作任务，把项目中的工作任务按照实施的先后顺序列出。最后对该项目任务完成情况进行验收，并给出自测题，让学习者明确所参与项目的最终要求，起到激励和引导学习者学习的作用。较好地突出了职业教育的特点。

为了便于广大师生和读者学习与阅读，将配套出版"学生工作手册"和提供"系列数字化资源"。"学生工作手册"按教材的项目和任务配套编写，以多个生产橡胶、塑料制品厂典型的工艺设计为载体编写手册内容，主要包括学习建议、设计工具、设计标准选取、工作计划表、工作过程记录表、设计图纸和考核评价单等内容。"系列数字化资源"主要包括电子教案、课程教学 PPT、计算机辅助设计 RCAD、在线测试题等，请选用此教材的老师到化学工业出版社教学资源网 www.cipedu.com.cn 上下载。

本书由徐州工业职业技术学院朱信明、张馨主编，书中图表由王国志绘制和整理，"学生工作手册"和"系列数字化资源"由崔荣芝、李延赟、张馨、徐云慧编写与制作。全套教材由翁国文主审。

希望广大读者在使用本书的过程中，对所发现的问题和不足之处能不吝赐教，提出进一步的修改意见，以便本书能在橡塑制品厂工艺设计领域中发挥更大作用。对此，编者将致以深切谢意。

编　者
2015 年 3 月

第一版前言

本书是教育部高职高专规划教材，是按照教育部对高职高专人才培养指导思想，在广泛吸取近几年高职高专人才培养经验基础上，根据 2003 年制订的橡塑厂工艺设计编写大纲编写的。

高分子材料加工（包括橡胶制品和塑料制品加工）专业学生，在学习掌握了高分子材料加工方面的原料与配方、加工设备与模具、制品结构设计、基本加工工艺等知识后，如何将以上各专业知识综合应用到橡塑制品加工厂中去，如何建立企业工程理念，如何在今后工作中进行原料消耗量化管理，选择最佳的生产方法，确定适合产品加工的设备，进行合理的工艺布置，确定加工岗位和人数，在新建厂或新建车间及老厂技术改造时，如何编制项目建议书、可行性报告等。需要高职高专学生综合运用知识的能力，本教材将在这些方面给予指导。

本教材吸取了化工、轻工等行业在橡胶、塑料、橡塑加工方面改革的成功经验。主要内容有橡塑制品厂特点和工厂设计一般知识；橡塑制品厂工艺设计；橡塑制品厂典型车间工艺设计与布置。

本书的编写遵循以下原则。

① 结合橡塑制品厂生产特点，根据工艺设计要求进行分析，介绍新工艺、新设备、新技术。

② 适应高职高专职业教育特点，淡化理论推导，强调实用性。

③ 注意理论联系实际，培养学生分析问题和解决问题的能力。

本书是高职高专高分子材料加工专业、橡胶制品专业、塑料成型专业教材，课时 40 学时左右，各校可根据具体情况酌情增减。本书也可供中职高分子类专业使用或供橡塑制品厂工程技术和管理人员参考。

本书由徐州工业职业技术学院朱信明主编，书中图表由王国志绘制和整理。翁国文主审。

本书在编写及审稿过程中，参考了专业手册、国家标准和工厂实际生产中的资料，得到许多单位、教师的大力支持，并提出宝贵意见，在此一并衷心感谢。

由于时间仓促，编者水平有限，书中不妥之处在所难免，我们期望在使用过程中能得到各方面的批评指正。

编者

2004. 3

第二版前言

本教材作为"教育部高职高专规划教材",自 2004 年出版以来,深受广大读者欢迎,被多所高校作为教材使用。于 2007 年被评为普通高等教育"十一五"国家级规划教材。依照普通高等教育"十一五"国家级规划教材要求,结合高职高专学生对基础理论知识"必需"、"够用"的原则,突出应用能力培养的指导思想;根据国家"绿色环保"、"低碳经济"等精神,本教材第二版在基本保持第一版的风格基础上,增加了第四章"废旧橡塑制品循环利用厂典型车间工艺设计与布置"等内容,突出强调了废旧橡塑制品循环利用的重要性,并通过"废旧橡塑制品循环利用厂典型车间工艺设计与布置"新增的章节,重点介绍了轮胎翻新、再生橡胶、废旧塑料制品回收和循环利用等方面的工艺设计与工艺布置等知识。第二版内容处理上,更加注重实际应用环节,对各章内容进行了必要的增删,并融入近几年出现的新知识、新工艺、新材料,具有科学性、先进性、突出应用能力培养等特点。

为了便于广大师生和读者学习与阅读,特制作了本教材的多媒体课件。请选用此教材的老师到化学工业出版社教学资源网 www.cipedu.com.cn 上下载。

本书由徐州工业职业技术学院朱信明、张馨修订,书中图表由王国志绘制和整理、教学课件由张馨制作,翁国文也参与了部分编写工作。

希望广大读者在使用本书过程中,对所发现的问题和不足之处能不吝赐教,提出进一步的修改意见,以便本书能在橡塑制品厂工艺设计领域中发挥更大作用。对此,编者将致以深切谢意。

编者
2010 年 5 月

目　录

情景一　橡塑制品厂的特点与工厂设计一般知识

【学习指南】

本学习情景包括两个项目，分别是了解橡塑制品厂特点、工厂设计的一般知识。每个项目分别给出了项目导言、学习目标、项目任务、项目验收标准、工作任务等。通过学习熟练了解橡塑制品厂的特点；掌握工厂设计的基本概念、目的、范围、原则；掌握项目建议书、可行性报告主要内容和写法；能正确理解：工厂设计知识不仅是建设工厂所具备的知识，而且也是生产、技术和业务管理必备知识；通过工厂设计知识学习，能更全面了解工厂，建立工程理念。能理解工厂设计知识是原材料与配方、设备与模具、制品结构与设计、基本加工工艺等知识的综合。

橡塑制品包括橡胶制品、塑料制品、橡塑并用制品等。各类橡塑制品都是在工厂或车间根据一定的加工方法生产而成。橡塑制品品种繁多，加工方法各不相同，但它们的加工特点有其共性。对于橡塑并用制品加工方法来说，以橡胶为主体材料时，按橡胶生产工艺进行；以塑料为主体材料时，按塑料生产工艺进行。所以本教材主要结合橡胶和塑料制品的加工特点，介绍橡塑制品厂的工艺设计知识。

橡塑制品包括新产品和老产品。新产品正式生产之前要进行市场调研、产品结构设计、配方设计、工艺设计、试验、试产、试用等；老产品的改造也要经过以上的各项前期工作。有些产品在老厂经过技改或老厂扩建进行生产，有些产品是在新建工厂进行，新建厂和老厂的技改或扩建都要进行工厂设计。而工艺设计是工厂设计的基础和核心。另外，要想管理好一个工厂、一个车间或一道工序，仅有定性专业知识是不够的，应从定性上升到定量，由宏观到具体；应从专业计算所得到的数据指导工作、加强管理，才能获得更好效果，而这些定量知识正是工厂设计、工艺设计的核心所在，所以我们有必要对橡塑制品厂特点和工厂设计的一般知识做一介绍。

项目一　了解橡塑制品厂特点

【项目导言】　项目来源于对橡胶制品厂和塑料制品厂共性分析与总结，学习者可以结合所参观实习的橡塑制品厂情况学习项目的相关内容。

【学习目标】　能运用在橡塑制品厂实践活动中所积累的资料，对其分析归纳；了解你所实习橡塑制品厂的特点，通过图书、网络等媒体资料，掌握橡胶制品厂和塑料制品厂特点。提高综合分析问题、解决问题的能力与素质。

【项目任务】　共分两个项目任务，分别为橡胶制品厂特点和塑料制品厂特点。

【项目验收标准】　检验对橡胶制品厂的五个特点和塑料制品厂的八个特点的掌握情况。

【工作任务】　分述如下。

一、橡胶制品厂特点

橡胶制品厂一般按产品类别划分，可分为轮胎厂、胶鞋厂、胶管厂、胶带厂、橡胶密封制品厂等等。各类橡胶制品厂构成了我国橡胶工业，自1978年到2012年的35年间，我国橡胶工业一直处于快速发展阶段，总产值增长了110倍，由75.4亿元增长到8365.8亿元；全国生胶消费量增长16倍，由43.07万吨增长到730万吨。我国已连续12年成为世界橡胶消费第一大国，连续10年成为世界轮胎等橡胶制品第一大生产国、消费国和出口国。我国橡胶工业，由鲜为人知变为举世瞩目。我国橡胶制品企业众多，且品种门类不同，规模有大有小，但它们都有其共性特点，主要有五个方面，即原材料品种多，生产工序多，产品品种规格多，设备单机台数多，动力介质品种多。这五点具体表现如下。

(1) 原材料品种多　橡胶制品厂使用的原材料品种很多，有粉粒状、块状和流体状等不同形状。如生胶、松香、固体古马隆、石蜡等是块状的，补强填充体系配合剂（炭黑、轻质碳酸钙、陶土等），硫化剂体系配合剂（硫黄粉，促进剂M、DM、CZ，氧化锌等），防护体系配合剂（防老剂4010、4010NA、H等）是粉状的，软化增塑体系配合剂（芳烃油、机油、邻苯二甲酸二丁酯等）是流体状的。在储运和使用时，必须适合各种原材料的特点。因此在设计中必须考虑这些特殊条件，提高密闭输送和机械化作业水平，以保证原材料的质量，减少损耗，防止对环境的污染，降低搬运工人劳动强度。

(2) 生产工序多　橡胶制品厂生产工艺繁杂，工序很多，半成品部件多，工序间的储运量大，单机作业多。因此在设计中必须合理选择生产方法和工艺流程，组织联动作业线，提高机械化、自动化水平和劳动生产率；同时要留出半成品存放面积，各工序布置应整齐、美观，创造良好的生产环境。减轻劳动强度和改善生产条件。

(3) 产品品种规格多　目前习惯上把橡胶制品分为轮胎、胶鞋、胶管、胶带和橡胶工业制品五大类，每大类又分很多小类，如轮胎制品类可分为汽车轮胎、农业轮胎、工程机械轮胎、航空轮胎、力车胎、摩托车轮胎和特种轮胎等，而汽车轮胎有轿车轮胎、载重汽车轮胎、斜交轮胎和子午线轮胎等，斜交轮胎又有9.00-20、7.50-20、7.50-16等上百个规格。所以橡胶制品的产品种类规格繁多，在工厂投产后往往需要变换规格发展新品种。因此在设计中应考虑工厂生产的灵活性，使之有调整的可能性，使工厂保持旺盛的、可持续发展的竞争力。

(4) 设备单机台数多　橡胶制品厂的单机台数多，而且有不少是非标准设备，设备检修和零部件的制备量较大。因此在设计中应恰当地考虑机修车间的规模，使自身具备制造部分零部件和修理大型部件的能力。此外，橡胶工厂中多数都需用较多的成型和硫化模具。例如，胶鞋厂为了适应市场的需要，要经常变换花色品种，因此需不断变更产品设计、发展新式样，在生产过程中要经常变换种类样板、口型和模型（鞋楦）；橡胶工业制品厂制品繁多，不同的制品需要专门的模具，委托外厂加工成本较高，大批模具可在本厂加工。因此，一般规模较大的工厂，在设计机修车间时，应注意到这部分加工任务。

(5) 动力介质品种多　橡胶制品厂的生产所需动力介质很多，如电、蒸汽、水（冷却水、过热水等）、压缩空气等。所以在设计中应合理布置输送这些动力介质的管线，尽量避免相互交叉、干扰，并要便于维护。

二、塑料制品厂特点

塑料制品质轻、性能优越、加工方便。所以，塑料在材料结构中的比例正在大幅度提高。塑料制品厂有八个特点，即原材料品种多，产品品种多，加工方法多，加工设备类型多，工厂规模可小可大，加工过程大多属物理变化少数伴随着化学变化，排出物少数有毒性，生产车间可用多层也可用单层布置等。这八点具体表现如下。

（1）原材料品种多　塑料所用原材料主要有树脂和添加剂（也叫助剂或配合剂）。树脂主要有聚氯乙烯、聚乙烯、聚丙烯、聚苯乙烯、酚醛、脲醛、纤维素、含氟树脂、聚酰胺、聚甲基丙烯酸甲酯、聚碳酸酯、聚甲醛、丙烯腈-丁二烯-苯乙烯、三元共聚物、聚砜、聚氨酯、不饱和聚酯、环氧树脂等，添加剂主要有增塑剂、填充剂、增韧剂、偶联剂、交联剂、发泡剂、润滑剂、加工助剂、稳定剂、阻燃剂、着色剂等。这些原材料主要是粉状和流体状，一般采用袋或桶为包装容器，加工时多为管道输送。所以在运、储、用时要注意密封，防止粉状原材料的飞扬和流体原材料的流失。

（2）产品品种多　塑料制品产品品种可按加工方法分类，也可按产品外观形状分类，还可按使用特点分类，其主要品种有：注塑管、棒、丝、板、片材、薄膜、仿皮人造革、壁纸、各种涂层制品、各种注塑制品、各种复合增强制品、层压制品、中空容器、烧结制品、搪塑制品、吹塑制品等。这些制品有的可用一种设备加工完成，生产工艺比较简单；有的需要很多工序加工而成，生产工艺非常烦琐；还有的制品只能用一种加工工艺生产，而有的制品可用几种工艺生产。所以在设计时，要根据产品的特点，在满足产品质量情况下，采用最简单的工艺生产。一般塑料制品多属体积大、重量轻的货物，给运输带来困难。因此，大型加工厂宜靠近水运和铁路线。

（3）加工方法多　塑料制品的加工方法主要有注塑、挤出、压延、吹塑、压制、浇铸、发泡、热成型、旋转模塑、传递模塑、搪塑、层压、涂层、双轴拉伸等。由于塑料工业较为年轻，因而塑料制品加工方法和塑料制品加工机械大多由金属成型和陶瓷加工及橡胶加工演变而来。所以在工艺设计时，要对各种加工方法全面了解，相互比较，选择合理的加工方法。

（4）加工设备类型多　塑料加工设备主要有捏合机、密炼机、开放式炼塑机、注塑机、挤出机、压延机、吹塑成型机、压机、热成型机、二次加工机械等。在生产工艺布置时有的以单台机形式布置，如开放式炼塑机、注塑机、压机等；但大多是以"线"的形式布置，如挤出生产线、压延生产线、吹塑成型生产线、双轴拉伸薄膜生产线等，所以在工艺设计时，如是单机生产，要考虑各机台的各产品的互用性和排布的合理性；如是生产线，则要考虑生产线上的辅机，使辅机与主机合理、协调配合。

（5）工厂规模可小可大　从年产塑料制品数十吨到上万吨均可，但不宜过大。塑料制品品种可单一，也可多样化。一个完整的加工厂应包括原材料仓库、生产车间、整装车间、成品仓库、机修车间、模具车间、水电气公用设施、实验室、开发设计部门、经营管理部门以及生活设施等。

（6）加工过程大多属物理变化少数伴随着化学变化　热塑性塑料大多属前者，热固性塑料大多属后者。加工时多数离不开加热和冷却。加热多用电热，也有若干生产过程中采用过热水和蒸汽加热，目前还有用导热油加热的。冷却多用冷却水，也有采用空气冷却。塑料机械的运转大多采用电动机驱动。所以，加工厂的供水供电是必备条件。如水源为自来水，为了节约用水，则需考虑循环回收利用。

（7）排出物少数有毒性　例如含氟塑料高温分解时产生氟异丁烯等有毒气体；未经汽提的聚氯乙烯树脂中含有毒氯乙烯单体，在加工时将会逸出；某些含铅和重金属稳定剂粉尘会飞逸；某些塑料添加剂也有毒性。因而需要采取有效措施予以排除。废水一般多属清净下水，少数有污染。另外，加工厂某些设备在运转时会产生噪声，少数超过85dB，需要采取隔声、消声措施。塑料制品加工生产中必须注意安全，严格避免机械轧伤、触电、热烧伤、冷灼伤和化学中毒等事故的发生。

（8）生产车间可用多层也可用单层布置　加工厂如设在市区，为了节约土地，生产工艺流程宜立体布置；如在郊区，为了简化厂房和加速土建进度，则可平面布置。厂房的通风、空调、除尘、起重运输等条件则应根据生产工艺的要求来设计。例如，生产透明和精密产品必须考虑空调与除尘；有毒气逸出的车间必须加强排气和通风；为了吊装大型模具和检修重型设备，必须设置起重运输机械。

为了进一步了解塑料加工厂的特点，表1-1列出几个加工厂的技术经济指标，仅供参考。

表1-1　几个塑料加工厂的技术经济指标

序号	指　标	硬聚氯乙烯管材与管件厂	工程塑料为主的综合性加工厂	涤纶薄膜厂/(12μm、15μm、23μm 膜)	录音带厂
1	年产能力/t	2500	1500	1500	6亿米/年(含外盒、内盒在内)
2	职工总数/人	120～150	500	130	300
3	厂区面积/m²	6000～7000	3000～4000	$1.5×10^4$	$1.5×10^4$
4	建筑面积/m²	3000～4000	9600	4500	5000
5	用电量/(kW·h)	300～400	400～500	6.36kW·h/t	1500
6	冷却水用量(未考虑回收利用)/(m³/h)	100～150	150～200	255m³/t(循环回收)	7t/h(20℃)50t/h(0℃)

自测题

1．橡胶工业在世界所处地位如何？为什么？

2．橡胶制品厂的主要特点如何？

3．塑料制品厂的主要特点如何？

项目二　工厂设计的一般知识

【项目导言】　项目来源于对橡胶制品厂和塑料制品厂工程设计的共性分析与总结，学习者可以结合你所参观实习的橡塑制品厂情况学习项目的相关内容。

【学习目标】　能运用理论知识书写具体的设计课题原则和程序，书写具体设计课题项目的可行性研究报告、设计任务书；了解工厂设计概念、工厂设计目的、设计前期工作的内容，掌握工厂设计的原则、程序，理解项目建议书、可行性报告主要内容和写法；提高环境保护意识、经济意识，在工程设计方面逐步形成综合分析问题的素质与能力。

【项目任务】　共分九个项目任务，分别为工厂设计的基本概念、工厂设计的目的、工厂设计的范围、工厂设计的原则、工厂设计的程序、设计前期工作、项目建议书、可行性研究报告、设计任务书。

【项目验收标准】　检验对工厂设计的概念、工厂设计的目的、工厂设计的范围、工厂设计的原则、工厂设计的程序、设计前期工作的理解程度，查验项目建议书、可行性报告、设计任务书书写格式和内容是否正确。

【工作任务】　分述如下。

一、工厂设计的基本概念

工厂设计是根据国家机关批准或建厂单位提出的任务书及国内外生产状况和今后发展趋势，遵循国家基本建设方针或建厂单位提出的要求，通过计算、论证、选择，确定企业的生产方法、工艺布置、其他辅助设施等，编制一套包括生产车间、辅助车间、公用工程、管理和服务部门等设计文件的过程。

在计划经济时期，工厂设计要按照国家的统一布置进行。设计任务书由不同等级的国家机关下达，设计工作按国家计划进行。在市场经济时期，除国有、公有经济外，还出现了许多经济形式，如私有公司、股份公司、外资公司等非公有经济形式。所以，如果所建工厂是国家承办，工厂设计应按照国家机关下达的任务书进行；如果是非公有制单位建厂，则要按照建设单位的任务书或要求进行，但非公有单位的工厂设计也必须符合国家的总体建设方针。因此，工厂设计工作必须根据当时国家基本建设的有关方针政策，广泛深入地进行调查研究，制订正确的设计方案，努力提高设计质量及其技术经济指标，更好地满足施工和生产需要。

二、工厂设计的目的

工厂设计是工业企业基本建设的重要组成部分，是工程施工和各项筹建工作的依据，也是为工程施工和今后生产服务的，所以从橡塑材料制品工程建设方面来说，工厂设计的目的是根据工程项目的可行性研究报告规定的技术路线和控制性指标，按时提供高质量的图纸和文件，促使基建工作得以顺利开展，把工厂建设得先进合理，并如期建成投产。

工厂设计包括了整个工厂的方方面面，可以说工厂的一切都在工厂设计的有关文件图纸中全面反映出来，所以通过橡塑制品工厂设计课程的学习，可使我们巩固各专业课的知识，更广泛、更深入地了解工厂，为从事工艺生产管理的量化管理、科学管理奠定基础。通过该项工作，能提高我们的综合筹划、论证能力。对今后从事橡塑制品生产或其他工作都有很大帮助。

三、工厂设计的范围

工厂设计涉及范围较广，它包括一个工厂的各个部分，因而工厂设计的范围划分方法较多，一般有两种分类方法：一种是按工厂组成分，另一种是按工厂设计专业性质分。

(1) 按工厂组成分　橡塑制品厂设计范围包括工厂生产区内全部工程、生产区外工程和厂外工程三个方面。工厂生产区内工程主要指生产车间和辅助车间全部工程；生产区外工程主要指生活区工程和公共工程等；厂外工程有水源地、铁路专用线等。

(2) 按工厂设计专业性质分　橡塑制品厂设计范围分为工艺设计，起重运输与自动控制设计，土建设计，公用工程设计（采光、通风设计，给排水设计，动力设计，供热设计），工业管道设计，供电、配电及照明设计，职业安全卫生设计，环境保护设计等。其中工艺设计是橡塑制品厂设计的核心，其他各专业设计均是在工艺设计完成后，根据工艺设计提出的要求进行的配套设计，是为工艺设计服务的设计。专业设计部门（包括国外的设计部门）协作设计时，应把设计范围划分明确，并应加强双方间的设计联络，互相协调，彼此要按时和正确提供必需的设计条件和参数，避免互不适应或互不衔接。

若是老厂技术改造，以车间为单位的单项工程项目，则可不作全厂性设计，但对本车间的物料供应与储运、动力供应以及给排水方面，均应提出要求，以取得保证。对其中不能满足要求的部分，则根据需要，也可包括在设计范围之内进行设计。

四、工厂设计的原则

工厂设计是一门技术与经济相结合的科学。它必须从我国社会主义建设的根本利益出发，慎重考虑承建者的意图，慎重考虑如何最合理、最有效地运用资金和资源，设计成果必须充分体现国家的有关方针政策。设计工作必须认真总结生产经验，以积极的精神尽可能了解橡塑制品工业中的最新成就，吸取国内、外先进技术，采用成熟的新工艺、新技术和新设备，努力提高技术装备水平，以保证产品质量的提高，获得好的经济效益；同时要注意节约，在不影响工程质量和水平的前提下，尽量节省基建投资和设备器材，以使设计达到技术上先进、生产上可靠、经济上合理的要求。

工厂设计不但要考虑工厂自身的建厂条件，取得合理的布局，同时还应对工厂排放物和污染物采取治理措施，达到国家规定的卫生标准，保护环境，使生态平衡不受影响；要节约用地，不占良田和少占农田；工厂应尽量节约用水，对水源要与农业用户和其他用户统筹协调，务求充分利用，避免浪费。所有这些问题，均需进行周密的调研磋商，做出适当处理和安排。

对于工厂设计的方案，在考虑合理的工艺生产条件的同时，必须重视各专业的设计方案，综合权衡，相互协调，妥善安排，以求取得设计方案的整体合理性。

此外，在设计中，除了考虑工厂当前的建设任务外，还应根据市场预测和发展需要，或计划部门的批示精神及设计单位要求，对工厂未来的发展，尤其对近期发展，予以适当考虑；对于工艺设计的设备选型和布置，在土建设计的厂房面积上或扩建预留条件上，以及各项公用工程设计上，应考虑增加容量的可能性，特别是在总体布置上，要合理安排，为将来的扩建预留一定条件，做到当前和长远相结合，以期逐步达到经济合理规模。

老厂技术改造是迅速发展生产的有效措施，因此设计人员应根据可行性研究报告的要求深入现场，进行细致的调查研究，总结生产经验，积极吸取可靠的科研成果，选用先进而又成熟的新技术和新设备，用以替代陈旧落后的老工艺和老设备，以提高产品质量与劳动生产率，换取较高的技术设备水平和较明显的经济效益，使老企业改造成为具有国内或国际先进水平的新工厂。

总之，工厂设计应遵循以下几项原则：

① 充分体现国家有关方针政策和承建者的意图，做到技术先进，生产可靠，经济合理；

② 布局合理，节约用地、用水，避免浪费，注意环境；

③ 各专业相互协调，设计方案整体合理；

④ 当前与长远发展相结合，留有发展余地，保持可持续发展；

⑤ 老企业改造要立足于国内、外先进水平。

五、工厂设计的程序

（一）工厂设计的类型

工厂设计类型有两种分类方法。

（1）按设计内容分　一般分为新建工厂工程设计和老厂扩（改）建工程设计两种。其中老厂扩（改）建工程设计是为老厂扩大生产规模，提高产品质量或增加新品种而编制的设计。在设计中需根据工厂具体情况，采用先进可靠的新工艺、新技术，改造老的生产设备，更新和补充必要的新型装备，通过技术改造，以显著地改变工厂的面貌，取得更大的经济效益。

（2）按设计性质分　包括工程设计和典型设计。工程设计也称实际设计，是考虑到各种外部条件的设计；典型设计也称理想设计，是在理想情况下，不考虑外部条件的设计。一般来说，典型设计是基础，工程设计是应用。没有典型设计知识，很难进行工程设计。初学者是先学习典型设计，再学习工程设计。

以上诸项设计可以以"工厂"为单位和以"车间"为单位。设计人员必须经常深入生产现场并了解市场供需情况，不断总结提高，只有这样才能做出符合市场需要的良好设计来。

（二）工厂设计的基本程序

按工程规模的大小、工程的重要性、技术的复杂性、设计条件的成熟程度，设计程序可以分为三个阶段和两个阶段两种设计。

（1）三个阶段的设计程序　凡属大型橡塑制品厂、技术比较复杂以及生产比较新颖的工厂，一般可分三个阶段进行设计，即"设计前期工作"、"初步设计"及"施工图设计"三个阶段。设计前期工作包括编制项目建议书、可行性研究报告和下达设计任务书（或设计合同）。初步设计和施工图设计总称工程设计。

（2）两个阶段的设计程序　在技术上比较简单和比较成熟，生产规模不大的工厂或个别车间及技术改造项目，在进行了"设计前期工作"后，可直接进行"施工图设计"两个阶段的设计。

总之，工厂设计基本程序构成如图 1-1 所示。

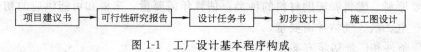

图 1-1　工厂设计基本程序构成

工厂设计是工厂建设的基础，也是工厂建设的重要内容，工厂建设的基础程序如图 1-2 所示。

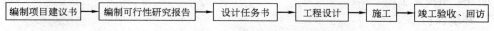

图 1-2　工厂建设的基础程序

以上各设计的重点是工程设计，而工程设计的核心是工艺设计，将在第二章介绍。

六、设计前期工作

设计前期工作的任务是对设计项目进行全面分析，着重研究。研究内容主要有以下 4 个方面。

① 技术上的成熟程度。

② 工程的外部条件成熟与否，包括城市规划、环保、消防、原料与成品的供销可能性。

③ 基建征地面积，投资来源或组成（国家拨款、中央与地方合资、中外合资、自筹资金、贷款、补偿贸易等）。

④ 经济效益、投资回收周期等，展开必要的可行性调查研究。

设计前期工作包含三部分工作，即项目建议书、可行性研究报告和设计任务书。

七、项目建议书

项目建议书是建立项目的必备首要文件，由建设单位编制，并报上级机关审批，批准后才算项目建立，然后由计划部门列入年度计划，方可进行可行性研究。对一些小型民办企业，即使没有项目建议书的编写，但在建厂初期一定包含项目建议书的内容。项目建议书的内容如下。

1. 项目建设目的和意义

项目提出的背景（改建、扩建和更新改造项目要简要说明企业现有概况）和依据，投资的必要性及经济意义。

2. 产品需求初步预测

① 国内外近期和远期需要量、主要消费去向的初步预测。

② 国内外相同或同类产品近几年的生产能力、产量情况和变化趋势的初步预测。

③ 产品出口情况。

④ 产品在国内市场的销售情况和在国际市场上的竞争能力，进入国际市场的前景初步设想及销售价格初步预测。非贸易产品不作国外市场和产品进出口情况预测。

3. 产品方案和拟建规模

主要产品和副产品的品种、规格、质量指标及拟建规模（以日和年产量计）。

4. 工艺技术方案

简要概述原料路线、生产方法和技术来源。对引进技术和进口设备的项目，要说明国内外技术差距和必须引进的理由，对引进国别厂商进行初步分析。

5. 资源、主要原材料、燃料和动力的供应

① 资源储量、品位、成分以及利用条件的初步评述。

② 主要原料、燃料和辅助材料的种类，估算年需要量、来源和可能供应的初步意向。

③ 水、电、汽、气估计需要量。

6. 建厂条件和厂址初步方案

建厂地区初步设想，建厂条件和厂址方案勘查的初步意见。

对老厂改建、扩建和更新改造项目可简要说明承办企业基本情况，改建、扩建有利条件和厂址方案初步设想。

7. 环境保护

初步预测拟建项目对环境的影响，提出环境保护"三废"治理的原则和综合利用初步设想。

8. 工厂组织和劳动定员估算

9. 项目实施规划设想

10. 投资估算和资金筹措设想

（1）投资估算

① 建设投资估算。

a. 主体工程和协作配套工程所需的建设投资估算。

b. 外汇需要量估算（均折算为美元计算，使用非美元外汇的要注明折算率）。

c. 必要时采用影子价格或修正价格估算建设投资。

② 流动资金估算。

③ 初步计算建设期贷款利息。

④ 老厂改建、扩建和更新改造项目，要简要说明利用原有固定资产原值和净值情况。

（2）资金筹措设想

① 资金来源、筹措方式及贷款偿还方式，利用外资项目要说明利用外资的可能性。

② 贷款利率、管理费、承诺费等情况。

③ 逐年资金筹措数额和安排使用设想。

11. 经济效益和社会效益的初步估算

（1）产品成本估算　包括以下两个方面。

① 按现行价格估算产品的单位成本。

② 必要时采用影子价格估算产品的单位成本。

（2）财务分析　静态指标分析，借款偿还期初步测算，老厂改建、扩建和更新改造项目分析等。

① 静态指标　主要包括以下几个方面。

a. 投资利润率。

b. 投资收益率。

c. 投资利税率。

d. 投资净产值率。

e. 投资回收期（自建设开始年算起，如从投产时算起应予注明）。

f. 换汇成本或节汇成本。

② 借款偿还期初步测算。

③ 老厂改建、扩建和更新改造项目分析　老厂改建、扩建和更新改造项目的财务分析，原则上宜采用"有无对比法"，计算改建、扩建后与不改、扩建相对应的增量效益和增量费用，从而计算增量部分的分析指标。根据项目的具体情况有时也可计算改建、扩建后的分析指标。

（3）国民经济分析　国民经济分析是从国家角度考虑项目的费用和效益，计算分析静态指标的投资净效益率、净效益能耗。

（4）社会效益初步分析　社会效益初步分析应根据项目特点及具体情况确定分析。

① 对节能的影响。

② 提高产品质量对产品用户的影响。

③ 对发展地区或部门的影响。

④ 对减少进口、节约外汇和增加出口，创造外汇的影响率。

项目建议书，应有下列附件：

a. 建设项目可行性研究工作计划，如需聘请外国专家指导或委托咨询、出国考察的，要附计划；

b. 邀请外国厂商来华进行初步技术交流的计划。

八、可行性研究报告

在项目建议书批复之后、建设项目投资决策之前，为了使橡塑制品加工厂建设符合客观规律，达到预期的经济效果，需要进行项目的可行性研究工作。可行性研究是极其必要的。欲使橡塑制品加工业有计划、按比例地发展，有效地利用建设投资，以最小的消耗取得最佳的经济效果，以适应国民经济发展和承建者可持续发展的需要，其前提是要有一个有充分事实根据的、科学的、正确的计划，同时对所拟建的工程项目还要有一个正确的鉴定和判断，检查它是否具有可行的确定根据，就要在建设之前对拟建工程项目进行可行性研究。如产品需求预测、生产规模、原料供应、技术与装备、建厂的条件和工程技术方案、环境保护等方面，进行详细、周密、全面的调查研究。并在此基础上，对工程项目建设方案，从技术和经济，从宏观经济效果（从国家角度）与微观经济效果（从企业角度）进行综合比较和论证，从而提出是否值得投资建设和怎样建设的意见。以便上级领导机关或投资人作出投资与否的决策，作为批准设计任务书的依据。

工程项目可行性研究的结果，就是编写出工程项目的可行性研究报告。

可行性研究报告包括下列十五项内容：①总论；②需求预测；③产品方案及生产规模；④工艺技术方案；⑤资源、原材料、燃料及公用设施情况；⑥建厂条件和厂址方案；⑦公用工程和辅助设施方案；⑧环境保护；⑨工厂组织、劳动定员和人员培训；⑩项目实施规则；⑪投资估算和资金筹措；⑫产品成本估算；⑬财务、经济评价及社会效益评价；⑭评价结论；⑮附件。从以上各项内容可看出，很多条目与项目建议书相同或相似，但可行性报告是对以上内容的更详细的研究和分析，从而得出项目是否可靠、可行的评价性结论。由于各条目的细分也与项目建议书相似，所以在此不赘述。

九、设计任务书

设计任务书是项目决策的依据。由部门、地区和企业负责对项目的可行性组织认真研究，对项目在技术、工程、经济和外部协作条件上是否合理和可行，进行全面分析、论证，做多方案比较；认为项目可行后，再推荐最佳方案。

设计任务书是接受设计任务的指令性文件，它是设计工作的根本依据。设计任务书应包括以下主要内容。

（1）企业技术改造或基本建设的目的　从新增产品，改变产品结构，提高产品性能、质量，增加产量，节约能源、原材料，综合利用等方面予以说明。

（2）确定项目改造规模和产品方案　根据经济预测、市场预测、现有生产条件和资金筹措等情况确定项目改造规模和产品方案，具体可从以下五个方面进行。

① 需求情况的预测。

② 国内现有同行业企业生产能力的估计。

③ 销售预测、价格分析、产品竞争能力。产品需要外销的，要进行国外需求情况的预测和进入国际市场前景的分析。

④ 技术改造项目的规模、产品方案和发展方向的技术经济比较和分析。

⑤ 原有固定资产的利用情况。

（3）资源、原材料、燃料及公用设施落实情况　主要有以下两种情况。

① 资源、原材料、辅助材料、燃料的种类、数量、来源和供应可能性。

② 所需公用设施的数量，供应方式和供应条件。

（4）改造条件和征地情况　有以下两个方面。

① 厂区布置和是否征地情况。

② 交通、运输及水、电、气的现状和发展趋势。

（5）其他

① 技术工艺、主要设备选型、建设标准和相应的技术经济指标。成套设备进口项目要有维修材料、辅料及配件供应的安排。引进技术、设备的，要说明来源国别，国内是否已经进口过。对有关部门协作配套件供应的要求。

② 主要单项工程、公用辅助设施、协作配套工程的构成，全厂布置方案和土建工程量估算。

③ 环境保护措施方案。

④ 劳动定员和人员培训。

⑤ 建设工期和实施进度。

（6）投资估算、资金筹措和财务分析

① 主体工程和辅助配套工程所需的投资（利用外资项目或引进技术项目还包括用汇额）。

② 生产流动资金的估算。

③ 资金来源、筹措方式及贷款的偿付方式和偿还年限，偿还期财务平衡情况。

（7）经济效果和社会效益　项目的经济效果可以根据产品的具体情况计算几个指标，如品种的增加、质量的提高、消耗的降低、产量的扩大和增加创汇、利税与投资回收期等，并对项目经济效益作出评价。社会效益则要衡量项目对国民经济的宏观效果和分析对社会的影响。

对于新建、改建、扩建的基本建设项目也可参照上述内容进行编写。

设计任务书可按上述内容做到一定的准确性，并有必要的附件（如协作的协议等）。

根据设计计划任务书，设计单位就可以开始进行初步设计和施工图设计，即工程设计。橡塑制品加工专业人员所负责的是工艺设计部分，也是工程设计的最重要部分。

自测题

1. 什么是工厂设计，橡塑制品厂工厂设计的范围、原则如何？

2. 学习工厂设计的目的有哪些？

3. 工厂设计的类型和程序如何？

4. 项目建设书、可行性报告、设计任务书的主要内容有哪些？

情景二　橡塑制品厂工艺设计

【学习指南】
　　本学习情景包括两个项目，分别是橡胶制品厂工艺设计、塑料制品厂工艺设计。每个项目分别给出了项目导言、学习目标、项目任务、项目验收标准、工作任务等。通过本章学习，熟练了解橡塑制品厂工艺设计主要内容。熟练掌握生产规模、消耗定额、理论台时、物料衡算、能量衡算等基本概念；掌握橡胶制品生产规模计算、半成品消耗定额计算、设备台数计算、半成品存放面积计算；能对典型橡胶制品所用半成品和原材料从定性到定量有一全面了解和掌握；能对橡胶生产设备台数计算、设备利用率计算、确定生产班次等有明确的了解和掌握；掌握塑料加工物料衡算方法；掌握橡胶和塑料制品生产工艺方案选择原则与论证方法；掌握平面工艺布置概念、原则和方法。一般了解动力介质种类和消耗定额的计算方法、生产人数配备方法。
　　橡塑制品厂工艺设计是工厂设计的核心和关键环节，是其他设计的基本依据。所谓工艺设计是指根据产品特点和要求，通过计算和论证，确定产品的生产方法，设备类型、规格和台套数，进行生产工艺布置等设计过程。
　　橡塑制品厂工艺设计工作比较繁杂，要结合产品生产特点，通过计算和论证进行设计，本学习情景仅对橡胶制品厂和塑料制品厂工艺设计作一介绍。

项目一　橡胶制品厂工艺设计

　　【项目导言】　项目来源于对橡胶制品厂工艺设计共性分析与总结，学习者可以结合你所参观实习的橡胶制品厂情况学习项目的相关内容。
　　【学习目标】　能通过学习和在橡胶制品企业的生产实践，理解生产规模、消耗定额等的含义并进行正确计算；能根据计算的数据，结合橡胶制品的生产现状进行工艺方案的选择与论证，理解设备的生产能力含义，能根据设备台套数计算的理论数据进行实际台套数及生产班次的确定，全面了解橡胶生产使用的动力介质、成品和半成品存放面积以及生产工人的配备等知识，能根据车间的工艺布置书写设计说明书；掌握工艺设计的基本内容、生产规模、消耗定额、设备理论台时、理论台数、设备利用率计算；通过各项目任务的学习与正确计算，提高对橡胶制品企业的深入认识，即由原来对橡胶制品生产企业的定性认识，变为定量认识，在生产经营方面逐步形成以"量的概念"分析问题解决问题的素质与能力。
　　【项目任务】　共分十一个项目任务，分别为生产规模的计算、半成品和原材料消耗定额的计算、橡胶制品生产工艺方案的选择和论证、生产设备台数的计算、各种动力介质消耗量的计算、半成品存放面积的计算、生产仓库面积的计算、生产人员的配备、生产车间工艺布置设计、向有关专业提出的设计要求、编制工艺设计文件。
　　【项目验收标准】　检验对橡胶制品厂工艺设计、生产规模、原材料和半成品消耗定额、工艺方案、设备生产能力、理论台时、理论台数、实际台数、平面工艺布置等基本概念的理解程度；完成1～2个典型橡胶制品的工艺设计，采用检查全套工艺设计资料和答谢方式检验对十一个项目任务的完成情况。

【工作任务】 分述如下。

橡胶制品厂工艺设计的范围主要包括生产车间、实验室、原材料和成品仓库等直接生产部门，这里我们主要讨论生产车间的工艺设计。

橡胶制品厂工艺设计主要包括生产规模计算，原材料和半成品消耗定额的计算，工艺方案的选择和论证，生产设备类型确定和台数计算，各种动力介质消耗量计算，生产人员配备，半成品存放面积计算，平面工艺布置及说明，向有关专业设计提出设计要求，编制设计说明书十项内容。

一、生产规模的计算

生产规模就是单位时间的生产量。如年生产规模、月生产规模、日生产规模，也可称为年产量、月产量、日产量。

由于橡胶制品生产过程不可避免会产生废品，以及产品破坏性的检查，因而工艺设计时，实际年总产量不等于任务书规定生产量。橡胶制品的设计生产规模需根据计划生产规模、产品品种、产品规格、工作制度以及上级或国家标准或建厂方规定的合格率和检验率来进行计算。设计生产规模一般分为设计年产量和设计日产量，其计算公式为：

$$g = \frac{Q}{d(1-k-f)}$$

$$K = 1 - k$$

$$g = \frac{Q}{d(K-f)} \tag{2-1}$$

$$G = gd \tag{2-2}$$

式中　g——设计日产量，kg/d、m²/d、m/d、条/d、根/d 等；

Q——计划年产量，kg/y、m²/y、m/y、条/y、根/y 等；

d——全年生产天数；

k——不合格率，%；

f——产品的检验率；

K——合格率，%；

G——设计年产量，kg/y、m²/y、m/y、条/y、根/y 等。

产品名称、产品规格、计划年产量 Q 由设计任务书给定。

合格率 K 可按国家规定或建设者提供的数据选取。当前国家规定的橡胶制品合格率 K：一般轮胎外胎为 99.6%、内胎为 99.4%、垫带为 100%、力车胎外胎为 99.6%、内胎为 99.0%，胶管为 99.5%，运输带为 99.5%，传动带为 99.6%，三角带为 99% 等。

产品的检验率 f 也可按国家标准或建设者提供的数据选取。当前国家规定的一般橡胶制品的产品检验率 f：一般载重汽车轮胎、工程机械轮胎、马车胎、小客车胎为 1/6000，拖拉机和农业机械轮胎为 1/4000，摩托车胎为 1/2000，力车胎为 1/30000。

全年生产天数可按建设者拟定的全年生产天数，也可按全年总天数减去法定节假日得到，我国法定的全年生产天数为 250 天，计算方法如下。

全年总天数－春节假天数－清明节假天数－五一节假天数－端午节假天数－中秋节假天数－国庆节假天数－元旦节假天数－全年双休日天数＝365－3－1－1－1－1－3－1－104＝250（天）

设计日产量的计算结果，采用小数进位法进行数据处理。例如，轮胎外胎设计日产量计算结果为 988.4 条，则数据处理后为 989 条。

计算结果填入表 2-1 生产规模计算表中。

表 2-1　生产规模计算表

序号	产品名称	产品规格	单位	计划年产量	设计年产量	设计日产量	备注

【例题 2-1】　某单位拟建设计划年产量 100 万条 9.00-20 普通斜交轮胎厂，根据国家有关规定试计算设计日产量和年产量多少万条。

解： 由题可知，计划年产量，$Q = 100$ 万条 $= 1000000$ 条

全年生产天数 $= 250$ 天

$9.00 - 20$ 轮胎检验率，$f = 1/6000$

$9.00 - 20$ 轮胎合格率，$K = 99.6\%$

将以上各数字代入式(2-1) 和式(2-2) 得：

设计日产量　$g = \dfrac{1000000}{250 \times \left(99.6\% - \dfrac{1}{6000}\right)}$

$= 4016.7364$

≈ 4017（条）

设计年产量　$G = 4017 \times 250$

$= 1004250$（条）

从计算结果看出，设计日产量和年产量均比计划产量多，这部分多余的产量用于产品检验和不合格的产品。

二、半成品和原材料消耗定额的计算

消耗定额就是单位产品使用半成品和原材料的数量。例如一个橡胶"O 形圈"消耗 0.002kg 的混炼胶，而 0.002kg 的混炼胶中要使用 0.001kg 丁腈橡胶，则 0.002kg 混炼胶就是一个橡胶"O 形圈"混炼胶的消耗定额；0.001kg 丁腈橡胶就是一个橡胶"O 形圈"使用丁腈橡胶原材料的消耗定额。

半成品和原材料消耗定额计算是工艺设计的基本计算，也是工厂管理中的基本计算；是进行生产方案选择、设备确定、设备计算、仓库计算、材料成本计算、计件工资、材料节约、生产考核、质量保证等的主要依据。

一个橡胶制品要使用一个或多个半成品，而一种半成品又含有多种原材料。如一个普通橡胶"O 形圈"使用一种混炼胶半成品；一条轮胎外胎要使用胎面胶、缓冲层胶、油皮胶、胶帘布、钢丝圈等多个橡胶半成品；而每种胶料中都含有生胶、硫化体系配合剂、补强填充体系配合剂、软化增塑体系配合剂、防护体系配合剂等多种原材料；另外，除以上组成混炼胶各种原材料外，橡胶制品还用很多其他的原材料，如胶布中的帘布或帆布，胎圈中的钢丝，骨架油封用的金属架，胶鞋用的鞋面布、鞋里布等都是橡胶制品的原材料。

半成品是相对于上、下道工序而言的，如对于轮胎外胎硫化工序而言，它的上道工序，即成型工序生产的胎坯（胎筒）是外胎成品的半成品，而成型的上道工序生产的胎面、胶帘布、胎圈等又是胎坯的半成品。

消耗定额的计算过程是根据成品计算半成品，再由半成品计算原材料，在计算中还要考虑生产过程中的损耗。其计算公式为：

$$A=\frac{G}{1-K} \tag{2-3}$$

$$B=Ag$$

$$C=Bd$$

式中　A——半成品或原材料消耗定额，kg/条、m²/条、m/根、kg/个等；

　　　G——半成品或原材料的理论用量，kg/条、m²/条、m/根、kg/个等；

　　　K——工艺损耗率；

　　　B——半成品或原材料的日用量，kg、m²、m 等；

　　　g——设计日产量，kg/d、m²/d、m/d、条/d、根/d 等；

　　　C——半成品或原材料年消耗（用）量，kg、m²、m 等；

　　　d——全年生产天数（国家法定生产天数 250 天），d。

（一）半成品消耗定额的确定与计算

半成品消耗定额可以从工厂中统计出来，也可以从理论上计算。半成品消耗定额的理论计算，是根据各半成品理论用量和半成品工艺损耗率计算的，见式(2-3)。

半成品的工艺损耗率根据半成品种类、加工工艺方法、加工设备而定，一般胶料的工艺损耗率为 0.001～0.005。

半成品理论用量是指生产加工过程中半成品没有损耗情况下的用量。一般可根据橡胶制品的结构、半成品在施工标准中的几何尺寸、胶料密度等参数进行计算。对一个橡胶制品而言，所用的半成品可以是一种也可以是很多种。因为橡胶制品种类很多，所以半成品的种类更多。下面分别叙述主要橡胶制品的各半成品理论用量计算方法。

1. 轮胎胎面胶理论用量计算

（1）整体结构　即胎面结构为一方一块结构，整体胎面用一个配方，为同一种胶料，其理论用量计算公式如下。

$$G=SL\rho k-g \tag{2-4}$$

式中　G——胎面胶的理论用量，kg；

　　　S——胎面胶的截面积，dm²；

　　　ρ——胶料密度，kg/dm³；

　　　L——胎面胶成型长度，dm；

　　　k——整体胎面胶的质量系数（实际质量/理论质量），一般取 1.0；

　　　g——成型时割去胎面胶质量，kg。

（2）分层（体）结构　指胎面胶不是用同一个配方，例如上层用耐磨的胎冠胶，下层用抗冲击、黏性好的缓冲胶，边部用耐曲挠的胎侧胶，其理论用量计算公式如下。

$$G_i=S_iL\rho_ik_i-g_i$$

式中　G_i——每一层胎面胶的理论用量，kg；

　　　S_i——每一层胎面胶的截面积，dm²；

　　　ρ_i——每一层胎面胶的密度，kg/dm³；

　　　k_i——每一层胎面胶的质量系数（实际质量/理论质量）；

　　　g_i——成型时割去胎面胶质量，kg。

【例题 2-2】　某轮胎厂采用"一方一块"挤出法，生产 7.50-20 轮胎胎面，施工表中胎面胶半成品断面尺寸和图形如图 2-1 所示，成型长度 2235mm，胶料密度 1.12kg/dm³，质量系数为 1.0，成型时割去胎面胶质量 0.08kg，工艺损耗率为 0.003，求胎面胶半成品的理论用量和消耗定额。

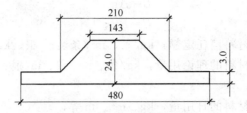

图 2-1 轮胎胎面半成品断面图

解：已知，胶料密度 $\rho = 1.12\text{kg}/\text{dm}^2$，胎面胶成型长度 $L = 2235\text{mm} = 22.35\text{dm}$，质量系数 $k = 1.0$，成型时割去胎面胶质量 $g = 0.08\text{kg}$；胎面胶的截面积 S 根据图形和尺寸计算如下。

$$S = 矩形面积 + 梯形面积$$
$$= (4.8 \times 0.03) + [(2.1 + 1.43) \times (0.24 - 0.03)]/2$$
$$= 0.144 + [3.53 \times 0.21]/2$$
$$= 0.51465(\text{dm}^2)$$

将以上数据代入式(2-4) 得：

$$G = 0.51465 \times 22.35 \times 1.12 \times 1.0 - 0.08$$
$$= 12.8027 \ (\text{kg})$$

因胶料的工艺损耗率为 0.001~0.005，取 $k = 0.003$，代入式(2-3)，得每条外胎的消耗胎面胶定额为：

$$A = 12.8027/(1 - 0.003)$$
$$= 12.8412(\text{kg}/每条外胎)$$

答：一条 7.50-20 轮胎胎面胶半成品的理论用量为 12.8027kg，消耗定额为 12.8412kg。

2. 胶条、胶片

(1) 规整形状的胶条、胶片（矩形） 在橡胶制品中，半成品较多为规整的胶条、胶片。如轮胎中油皮胶，隔离胶，缓冲胶片，胶带中上、下覆盖胶等，这些胶片半成品均为结构规整的矩形，其理论用量计算如下。

$$G = LWh\rho kn$$

式中 G——胶条、胶片理论用量，kg；

L——成型长度，dm；

h——胶条、胶片的厚度，dm；

W——胶条、胶片的宽度，dm；

ρ——胶条、胶片的胶料密度，kg/dm³；

k——胶条、胶片的质量系数（实际质量/理论质量）；

n——单位产品中胶条、胶片条数。

(2) 不规整形状的胶条、胶片 如轮胎胎圈用的三角胶条、三角带（Ｖ 带）用的压缩胶层、胶鞋的大底和中底等，其理论用量计算分述如下。

① 三角胶条

$$G = SL\rho kn$$

$$S = \frac{1}{2}ab$$

式中 G——三角胶条的理论用量，kg；

S——三角胶条断面积，dm^2；

a、b——三角胶两条直角边的长度，dm；

L——三角胶条成型长度，dm；

ρ——三角胶条胶料的密度，kg/dm^3；

k——三角胶条的质量系数（实际质量/理论质量）；

n——单位产品中三角胶条的条数。

② 三角带的压缩层

$$G = SL\rho k$$

$$S = \frac{1}{2}(a+b)h$$

式中 G——压缩层的理论用量，kg；

S——压缩层的截面积，dm^2；

L——压缩层长度，dm；

ρ——胶料的密度，kg/dm^3；

k——压缩层的质量系数，取 1.0；

a、b——压缩层上底、下底的长度，dm；

h——压缩层的厚度，dm。

③ 胶鞋中底

$$G = Sh\rho k$$

式中 G——中底的理论用量，kg；

S——中底的面积（采用几何分割法计算），dm^2；

h——中底胶的厚度，dm；

ρ——胶料密度，kg/dm^3；

k——中底的质量系数，取 1.0。

3. 内胎胶

$$G = W(H_1 + H_2)L\rho K$$

式中 G——内胎胶理论用量，kg；

W——内胎半成品平叠宽，dm；

H_1——内胎半成品上部厚度，dm；

H_2——内胎半成品的下部厚度，dm；

L——内胎成型长度，dm；

ρ——内胎胶的密度，kg/dm^3；

K——计算系数，K＝质量系数×内胎叠合后实际断面积÷矩形面积。

4. 胶管内外层胶

$$G = (D+H)\pi H\rho(L+2f)$$

式中 G——胶管内外层胶的理论用量，kg；

D——内（外）层胶的内径，dm；

H——内（外）层胶的厚度，dm；

L——胶管的长度，dm；

ρ——胶料的密度，kg/dm^3；

f——切头长度，dm。

5. 轮胎钢丝圈隔离胶（成排挤出绕制）

$$G=(V_1-V_2)\rho n$$
$$V_1=WhK[(D+H)\pi n_2+F]$$
$$V_2=Sn_1[(D+H)\pi n_2+F]$$
$$S=\frac{1}{4}\pi d^2$$

式中　G——轮胎钢丝隔离胶的理论用量，kg；

V_1——钢丝圈的体积，dm^3；

V_2——钢丝的体积，dm^3；

ρ——胶料密度，kg/dm^3；

n——单条轮胎钢丝圈的个数；

W——单层挂胶钢丝宽度，dm；

h——单层挂胶钢丝厚度，dm；

K——厚度凹凸系数，取 $0.990\sim0.995$；

D——钢丝圈的内径，dm；

H——钢丝圈的断面高度，dm；

F——钢丝搭头长度，dm；

n_1——钢丝圈的单层根数；

n_2——钢丝圈层数；

S——单根钢丝的截面积，dm^2；

d——钢丝直径，dm。

6. 外胎帘布胶

$$G=Q_iS$$

式中　G——外胎中一种帘布胶的理论用量，kg；

Q_i——单位面积帘布挂胶量，kg/m^2；

S——单条外胎一种胶帘布消耗定额，m^2。

（1）单位面积帘布挂胶量

$$Q_i=100(V_1-V_2)\rho$$
$$V_1=S_1Hk_1$$
$$V_2=\frac{10(rR)^2\pi n}{k}$$

式中　Q_i——单位面积帘布挂胶量，kg/m^2；

V_1——每平方米胶帘布体积，dm^3；

V_2——每平方米帘布体积，dm^3；

ρ——胶料密度，kg/dm^3；

S_1——胶帘布单位平方米的面积（$1m^2=100dm^2$），dm^2；

H——胶帘布的厚度，dm；

k_1——胶帘布凹凸系数，一般取 $0.990\sim0.995$；

r——帘线半径，dm；

R——帘线直径缩小系数，一般取 $0.915\sim0.960$；

k——计算系数，一般取 1.03；

n——1m 宽帘布帘线根数。

（2）单条轮胎一种胶帘布消耗定额

$$S=\frac{\sum S_i}{1-R_i}$$

$$S_i=(B+b)\times(C+c)$$

式中　S_i——每层胶帘布基本面积，m^2；

R_i——工艺损耗率，取 $0.003\sim0.005$；

B——施工表中帘布长度，m；

b——搭头压线长度，m；

C——各层宽度，m；

c——宽度公差，m。

7. 三角带帘布胶的计算

$$G=QS$$

$$S=\frac{EWL}{(1-R_i)K_i}$$

式中　G——三角带帘布胶的理论用量，kg；

Q——单位面积胶帘布挂胶量，kg/m^2；

S——胶帘布的消耗定额，m^2；

E——每根三角带帘线总根数；

W——每根帘线占用胶帘布宽度，dm；

L——帘线层的中心周长，dm；

R_i——工艺损耗率，取 $0.003\sim0.005$；

K_i——硫化伸长系数，取 $1.01\sim1.03$。

8. 帆布挂胶量

$$G=QS$$

式中　G——帆布挂胶的理论用量，kg；

Q——帆布单位面积挂胶量，kg/m^2；

S——胶帆布的消耗定额，m^2。

（1）帆布单位面积挂胶量

$$Q=100(V_1-V_2)\rho$$

$$V_1=S_1HK$$

$$V_2=\left[n_1K_0\frac{1}{4}(D_1K_1)^2\pi L_1\right]+\left[n_2K_0\frac{1}{4}(D_2K_2)^2\pi L_2\right]$$

式中　Q——帆布单位面积挂胶量，kg/m^2；

V_1——每平方米胶帆布体积，dm^3；

V_2——每平方米帆布体积，dm^3；

ρ——胶料密度，kg/dm^3；

S_1——胶帆布单位平方米的面积（$1m^2=100dm^2$），dm^2；

H——胶帆布的厚度，dm；

K——胶帆布凹凸系数，取 0.990～0.99；

n_1、n_2——分别为 $1m$ 宽帆布的经、纬根数；

D_1、D_2——分别为帆布的经、纬线直径，dm；

L_1、L_2——分别为帆布的长度、宽度（$L_1=L_2=1m=10dm$），dm；

K_1、K_2——帆布经、纬线压延凹凸系数，取 0.905～0.960；

K_0——帆布经、纬线因弯曲而产生的压延系数，取 0.950～0.960。

（2）胶帆布的消耗定额计算

① 轮胎包布的消耗定额计算

$$S=\frac{(B+b)\times(C+c)}{1-K}\times n$$

式中　S——胶帆布的消耗定额，m^2；

B——胶帆布的宽度，m；

b——胶帆布的宽度公差，m；

C——胶帆布的长度，m；

c——胶帆布搭头长度，m；

K——工艺损耗率，取 0.003～0.005；

n——包布层数。

② 运输带、平带包布的消耗定额计算

$$S=\frac{[(B-C_1)P+C_2]L}{K_1(1-K_2)}$$

式中　B——平带成品宽度，m；

C_1——包层边胶引起的减量（运输带取 0.019，传动带取 0.003），m；

P——帆布层数；

L——成品长度，m；

K_1——硫化伸长系数，取 1.01～1.03；

K_2——工艺损耗系数，取 0.003～0.005；

C_2——包层加宽数（见表 2-2），m。

表 2-2　运输带、平带包布包层加宽数　　　　　　　　单位：m

布层数	运输带	平带	布层数	运输带	平带	布层数	运输带	平带
2	0.010	0.008	6	0.067	0.046	10	0.175	0.110
3	0.010	0.008	7	0.067	0.043	11	0.175	0.103
4	0.032	0.024	8	0.114	0.075	12	0.248	0.151
5	0.032	0.022	9	0.114	0.070			

将半成品消耗定额计算结果填入半成品计算表（表 2-3）。

表 2-3　半成品消耗定额计算表

序号	半成品名称	有效用量	损耗系数	单耗	日用量	年产量	备注

（二）原材料消耗定额计算

原材料是生产最初的半成品的材料。橡胶制品最初的半成品有塑炼胶、混炼胶、胶帘布、胶帆布等；相应的原材料有生胶、配合剂、帘布、帆布、钢丝等。原材料消耗定额应根据原材料理论用量和原材料工艺损耗率计算。公式如下。

$$A = \frac{G}{1-K} \tag{2-5}$$

式中　A——原材料消耗定额，kg、m、m² 等；

　　　G——材料理论用量，kg、m、m² 等；

　　　K——工艺损耗率。

一般原材料工艺损耗系数为：生胶，0.001～0.005；炭黑、陶土等粉状配合剂，0.003～0.008；固体古马隆、松香、石蜡等固体配合剂，0.002～0.006；松焦油、煤焦油等黏稠性液体配合剂，0.003～0.006；二丁酯、机油等非黏稠性配合剂，0.001～0.003；粉状塑料树脂，0.001～0.006；帘布、帆布，0.002～0.008；钢丝 0.001～0.003。

各种原材料理论用量可以用下列公式计算。

1. 生胶和配合剂理论用量计算

$$G = g_1 m_1 + g_2 m_2 + \cdots g_i m_i \tag{2-6}$$

式中　　　　G——单位产品生胶或配合剂理论用量，kg；

g_1、g_2、$\cdots$、g_i——单位产品中各种胶料半成品消耗定额，kg；

m_1、m_2、$\cdots$、m_i——单位产品的各种半成品胶料中生胶和配剂含有率。

各种生胶与配合剂的含有率 m，可根据产品中各种半成品胶料配方进行计算，计算式为：

$$m = x/s \tag{2-7}$$

式中　m——各种生胶与配合剂的含有率，%；

　　　x——某种生胶或配合剂在配方中的用量，份或 kg；

　　　s——配方总用量，份或 kg。

【例题 2-3】 已知 7.50-20 轮胎胎面胶半成品的理论用量为 12.77kg，消耗定额为 12.81kg。胶料配方为：天然胶，25；丁苯胶，25；顺丁胶，50；硬脂酸，3；氧化锌，4；石蜡，1；防老剂 RD，0.50；防老剂 4010NA，1.0；防老剂 BLE，1.5；机油，5；中超耐磨炉黑，30；高耐磨炉黑，25；促进剂 NOBS，0.6；促进剂 DM，0.1；硫黄，1.5。求一条胎面半成品中各种原材料的有效用量和消耗定额。

解：根据题中配方，原材料配方的总用量 $s = 173.2$ 份。

（1）各种生胶及配合剂含有率 m 的计算　以天然胶为例，因天然胶在配方中用量，$x = 25$ 份，代入式(2-7) 得：

$$m = 25/173.2$$
$$= 0.144 \text{（即 } 14.4\% \text{）}$$

其他生胶及配合剂含有率计算与上相同，结果见表 2-4。

（2）各种生胶及配合剂理论用量 G 的计算　以天然胶为例，因一条轮胎中胎面胶消耗定额，$g=12.81kg$，将其代入式(2-6)得：

$$G = 12.81 \times 14.4\%$$
$$= 1.845 \text{（kg）}$$

其他生胶及配合剂有效用量计算与上相同，结果见表2-4。

（3）各种生胶及配合剂在胎面胶中消耗定额 A 的计算　以天然胶为例，根据生胶工艺损耗率在 0.001～0.005 之间的情况，本题选取天然胶工艺损耗率，$K=0.003$，代入式(2-5)得：

$$A = 1.845/(1-0.003)$$
$$= 1.8506 \text{(kg)}$$

其他生胶及配合剂工艺损耗率的选择，及它们在胎面胶中消耗定额的计算与上相同，结果见表2-4。

表 2-4　生胶及配合剂含有率、有效用量、消耗定额计算结果

原料名称	天然胶	丁苯胶	顺丁胶	硬脂酸	氧化锌	石蜡	RD	4010 NA	BLE	机油	中超	高耐磨	NOBS	DM	硫黄	合计
配方用量/份	25	25	50	3	4	1	0.5	1	1.5	5	30	25	0.6	0.1	1.5	173.2
各原料含有率	0.144	0.144	0.289	0.017	0.023	0.006	0.003	0.006	0.009	0.029	0.173	0.144	0.003	0.001	0.009	1
各原料含有率/%	14.4	14.4	28.9	1.7	2.3	0.6	0.3	0.6	0.9	2.9	17.3	14.4	0.3	0.1	0.9	100
各原料有效用量/kg	1.845	1.845	3.702	0.2178	0.2946	0.077	0.038	0.077	0.1153	0.3715	2.2161	1.845	0.0384	0.0128	0.1153	12.81
各原料工艺损耗率	0.003	0.003	0.003	0.003	0.003	0.003	0.005	0.005	0.005	0.002	0.005	0.005	0.005	0.005	0.005	0.06
各原料消耗定额/kg	1.8506	1.8506	3.7131	0.2185	0.2955	0.0772	0.0382	0.0774	0.1159	0.3722	2.23	1.8543	0.0386	0.0129	0.1159	13.56

2. 纺织物理论用量计算

$$S_f = S/K_1$$

式中　S_f——单位产品纺织物理论用量，m^2；

　　　S——单位产品胶布消耗定额，m^2；

　　　K_1——压延面积变化系数，取 1.000～1.008。

3. 胎圈中的钢丝理论用量计算

$$G = Lgn$$

式中　G——轮胎钢丝圈中的钢丝理论用量，kg；

　　　g——每米钢丝质量，kg/m；

　　　n——每排钢丝根数；

　　　L——钢丝圈钢丝展开长度，m，$L = n_1 D\pi H + F$；

　　　n_1——钢丝圈成型层数；

　　　D——钢丝圈成型中心处直径，m；

　　　H——钢丝圈成型每层根数；

　　　F——成型搭头长度，m。

4. 编织胶管钢丝理论用量计算

$$G = LPn_1 n_2 g/\cos\alpha$$

式中　G——编织胶管钢丝理论用量，kg；

P——编织层数；

n_1——每层股数；

n_2——每股根数；

α——编织角度，(°)；

L——胶管长度，m；

g——每米钢丝质量，kg/m。

5. 吸引胶管铠装钢丝理论用量计算

$$G=\left[\frac{(D+2H+d_0+2nh)\pi}{\sin\alpha}\times\frac{L-2i}{T}+2(c+b)\right]g$$

$$G=(D+2H)\pi[2n+(L-2i)/T]g/\sin\alpha$$

式中　G——吸引胶管铠装钢丝理论用量，kg；

D——胶管内径，m；

H——胶管厚度，m；

n——胶管铠装钢丝以内胶布的层数；

h——胶管铠装钢丝以内每层胶布的厚度，m；

d_0——钢丝截面直径，m；

i——管头长度，m；

α——铠装角度，(°)；

L——胶管全长，m；

T——铠装钢丝间距，m；

c——管头外周长，m；

b——管头处钢丝附加长度，一般 $b=0.03\sim0.1$m；

g——每米钢丝质量，kg/m。

将原材料消耗定额计算结果填入表 2-5。

表 2-5　原材料消耗定额计算结果

序号	原材料名称	工艺系数	单　耗	日用量	年用量	备注

三、橡胶制品生产工艺方案的选择和论证

工艺方案的选择和论证是橡胶工艺设计中最重要的一步，是工艺设计及其他设计的核心。

橡胶制品是按一定加工方法制作出来的，其生产的每一道工序都有许多不同种加工方法，那么设计中取哪一种方法？为什么选择这种方法？这是工艺方案选择和论证的内容。

（一）选择工艺方案的原则

要选择一个合适的加工方法，应综合考虑各种因素及它们之间的相互影响。一般可以从下列几方面来考虑。

① 技术先进，生产可靠，经济合理。

② 生产设备与整个行业装备水平相适应，在立足国情的条件下，可考虑引进国外先进设备。

③ 结合设计的生产能力和产品特点。

④ 适应橡胶工业的发展趋势。

（二）论证方法和内容

为了保证选择的工艺方案符合上述原则，必须对所选的工艺方案进行全面论证，论证应达到论据有理、有力、全面。

一般采用的论证方法有：对比论证法，即列举两种或者两种以上的加工方法从各个方面加以对比来说明设计所选择工艺方案的正确性；举例论证法，即列举所选工艺方案的应用等方面的实例来加以说明；数据论证法，即采用数据来说明情况等。这几种论证方法往往穿插使用或者以一种方法为主，其他方法出现在各个说明点中。关于橡胶制品的生产方法，我们已经在"橡胶加工工艺"和"橡胶制品工艺"两门课程中系统学习，故在此不再赘述。

论证的内容主要说明所选择方法是否符合选择原则的几点要求，如技术的先进性、生产的可靠性、经济的合理性、产品质量、劳动环境、劳动效率和产品前景等。

四、生产设备台数的计算

生产离不开设备，设备决定制品的生产工艺方法。在工艺方案中基本确定了生产设备类型，在实际生产中需要什么规格的设备，需要多少台设备，将是下面学习的内容。

设备规格是根据产品的类型、规格、生产量的多少等因素确定的。如生产轮胎胎面，需要挤出机设备，9.00-20 轮胎胎面一方一块挤出时需要 250 挤出机，二方三块时需要 200 挤出机和 250 挤出机，如果是复合挤出则需要 60/60 和 150/200 复合挤出机等。所以设备规格的确定要根据实际生产情况而定。

设备台数是根据设备的生产能力、工作制度、加工量等参数计算确定的。一般计算步骤是先根据设备生产能力和日加工量计算出理论台时，然后根据生产工作制度计算理论台数，最后确定实际台数，根据理论台数和实际台数，计算出设备利用率和设备的理论开车时间，确定合理的生产班次。通过理论计算，不仅可进行工艺设计，而且能对实际生产管理提供理论根据。

（一）设备生产能力的计算

设备生产能力可从设备说明书中得知，也可从有关橡胶设备手册中查到，还可从工厂实际生产中测定；在工艺设计和实际生产中也可通过计算求出设备生产能力。设备生产能力是指设备单位时间加工半成品或成品的量。生产能力的单位为 kg/h、m/h、件/h、条/h、根/h 等。设备生产能力可根据设备的基本参数和加工工艺条件进行计算。

（1）密封式炼胶机生产能力计算

$$Q = 60V\rho/t \tag{2-8}$$

式中　Q——密炼机生产能力，kg/h；

　　V——一次装料量，L；

　　ρ——胶料密度，kg/L；

　　t——炼胶周期，min。

（2）开放式炼胶机生产能力计算

$$Q = 60V\rho/t$$

式中，各参数同密炼机。

其中，一次装料量可按下式确定。

$$V = (0.0065 \sim 0.0085)DL$$

式中　D——辊筒工作部分直径，cm；

　　　L——辊筒工作部分长度，cm。

（3）压延机生产能力计算　压延机用于纺织物挂胶和胶片压型。一般织物挂胶用的压延机生产能力以 m/h 计，压型用的压延机生产能力以 kg/h 计。

① 织物挂胶用的压延机生产能力计算

$$Q=60vP$$

式中　Q——织物挂胶用压延机的生产能力，m/h；

　　　v——慢速辊筒表面线速度，m/min；

　　　P——超前系数，一般取 1.1。

② 胶片压型用的压延机生产能力计算

$$Q=60vPhb\rho$$

或

$$Q=60\pi DnPhb\rho$$

式中　Q——胶片压型用的压延机的生产能力，kg/h；

　　　v——慢速辊筒表面线速度，m/min；

　　　P——超前系数，一般取 1.1；

　　　h——半成品厚度，m；

　　　b——半成品宽度，m；

　　　ρ——半成品密度，kg/m³；

　　　D——辊筒直径，m；

　　　n——辊筒转速，r/min。

（4）挤出机生产能力计算

$$Q=\beta D^3 n$$

式中　Q——挤出机的生产能力，kg/h；

　　　β——计算系数

　　　　　压型　$\beta=0.00384$

　　　　　滤胶　$\beta=0.00256$；

　　　D——螺杆直径，cm；

　　　n——螺杆转速，r/min。

（5）裁断机　裁断示意如图 2-2 所示。

$$Q=60nb_1 b/\cos\alpha$$

式中　Q——裁断机生产能力，m²/h；

　　　n——每分钟裁断次数，次/min；

　　　b_1——裁断宽度，m；

　　　b——纺织物宽度，m；

　　　α——裁断角，(°)。

（6）硫化机生产能力计算

$$Q=60n/t$$

式中　Q——硫化机生产能力，件/h；

　　　n——一次硫化件数，件；

　　　t——硫化操作周期，min，$t=$硫化时间＋操作时间。

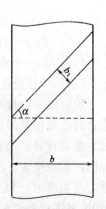

图 2-2　裁断示意图

（二）理论台时计算

理论台时指一台设备完成一天的原材料或半成品或成品加工量所用的小时数。单位为"台时"。例如某厂每天需要混炼胶半成品 2000kg，若用 XK-360 开炼机加工，且该设备的生产能力为 50kg/h，则用此一台设备加工最少需 40h，其理论台时数为 40 台时；若用 XK-550 开炼机加工，且该设备的生产能力为 300kg/h，则用此一台设备加工需 6.67h，其理论台时数为 6.67 台时。因为在实际生产中，有的设备是连续生产，中间没有停顿；有的是间歇生产，中间要停顿一定时间；有的加工好的成品或半成品不可能全部达到质量要求，对一些不合格的半成品可能要重新返回加工等。所以在计算理论台时时，要将以上因素考虑进去。设备理论台时计算如式(2-9)所示。

$$A = \frac{B}{QC} \tag{2-9}$$

式中　A——理论台时，台时；
　　　　B——每日生产任务（应考虑某些半成品的不合格率或返回率的因素），kg、m、条、个等；
　　　　Q——设备生产能力，kg/h、m/h、条/h、个/h 等；
　　　　C——设备利用系数（见附录 2）。

注：如果按照设备每台班的实际生产能力或由每台班实际生产能力折算出的每台时实际生产能力计算时，则不应再把设备利用系数计入。

设备利用系数按下式计算：

$$C = (t_1 - t_2)/t_1$$

式中　t_1——每班生产时间，min（450min 或 480min）；
　　　　t_2——每班生产时间内的非生产时间，min。

（三）理论台数的计算

$$E = \frac{A}{T(1-\alpha)} \tag{2-10}$$

式中　E——理论台数，台；
　　　　A——理论台时，台时；
　　　　T——每日生产小时数（凡是允许操作工人停机用餐的生产设备为 22.5h，凡连续生产的硫化设备为 24h）；
　　　　α——设备检修系数（见附录 1），$\alpha = T_1/T_2$；
　　　　T_1——在每个大检修周期时间内，因停机检修所占用的生产时间总和，d；
　　　　T_2——每个大检修周期，d。

（四）设计设备台数的确定

设计设备台数是根据理论台数、生产情况以及工厂发展等方面进行综合确定的。在工艺设计时，根据具体情况确定。凡"理论台数"小数点以后的数字，均按"进位法"计算；例如，根据计算，用于混炼生产的 GK-270N 密炼机的理论台数为 3.2 台，则设计台数取 4 台。如因产品规格多、产量少，出现同类型机台过多而设备利用率太低时，则应按设备的互换性，适当考虑一机多用进行平衡，以求经济合理。例如，在上例中用于混炼生产的 GK-270N 密炼机的理论台数为 3.2 台，设计台数为 4 台；又通过计算用于塑炼的 GK-270N 密炼机的理论台数为 2.001 台，如果仍按"进位法"，则设计台数应该取 3 台，这样用于塑、混炼的设备台数共 7 台。考虑到塑炼、混炼都用同样设备，且两工序密切相连，所以可以有一台机作为共用机台，塑、混炼设备可以选 6 台，这样既能满足生产需要，又能节省投资。

（五）设备利用率的计算及生产班次的确定

$$K=E/F \tag{2-11}$$

式中　K——设备利用率，％；

　　　E——理论台数，台；

　　　F——设计（实际）台数，台。

例如，根据计算，GK-270N 密炼机的理论台数为 3.2 台，设计台数取 4 台，则设备利用率 K 为：$K=3.2/4=0.8$，即 80％。

将每日的工作时间按三班计算，如设备利用率大于 66.7％时，则工作制度仍为三班；如设备利用率在 33.3％～66.7％之间时，则工作制度应改为两班；如设备利用率小于 33.3％时，则工作制度应改为一班。

【例题 2-4】　某橡胶厂新上马三角带产品，经计算，三角带每日所用压缩胶等混炼胶 2t，经工艺方案选择与论证，拟采用密炼机生产，如选用 XM-50/35×70 规格的密炼机，设备一次炼胶容量 50L，胶料密度 1.12kg/L，一次炼胶时间为 6min，问实际生产时应选择多少台这一规格的设备？安排几班生产比较合理？

解：（1）密炼机设备生产能力的计算　将 $V=50L$，$\rho=1.12kg/L$，$t=6min$ 代入式(2-8) 得：

$$Q=60\times50\times1.12/6$$
$$=560 \text{（kg/h）}$$

（2）密炼机理论台时计算　经查附录 2，密炼机设备利用系数 $C=0.96$，每日生产量 $B=2t=2000kg$，代入式(2-9) 得：

$$A=2000/(560\times0.96)$$
$$=3.72 \text{（台时）}$$

（3）理论台数的计算和设计台数的确定　因是间歇式生产，所以每日生产小时数选定为 $T=22.5h$。

经查附录 1，密炼机的检修系数 $\alpha=0.065$，代入式(2-10) 得：

$$E=3.72/[22.5\times(1-0.065)]=0.177 \text{（台）}$$

根据"进位法"原则，设计台数 $F=1$ 台。

（4）设备利用率的计算及生产班次的确定　根据公式(2-11) 得：

$$K=0.177/1=0.177，即 17.7％$$

由于 $K=17.7％<33.3％$，所以安排一班生产比较合理。

（六）特殊机台的设备台数计算

对一些与其他设备配套的辅机设备及与上下工序有关联的设备，由于受其他工艺或设备的影响，则不能按以上的方法计算设备台数，一般是在考虑相应的工艺和主机生产情况下计算理论台数，再根据理论台数确定实际设计台数。需要说明的是，该类设备的工作制度应根据主机而定，而不能根据设备利用率计算方法调整工作班次。

1. 织物挂胶用的热炼机理论台数计算

$$E=VBW/Q$$

式中　E——理论台数，台；

V——压延机挂胶时的平均速度，m/min；

B——纺织物的宽度，m；

W——纺织物单位面积挂胶质量，kg/m²；

Q——热炼机的生产能力，kg/min。

2. 压型用的热炼机理论台数计算

$$E=VBh\rho/Q$$

式中　E——理论台数，台；

V——压延机压型时的平均速度，m/min；

B——压型胶片的宽度，m；

h——压型胶片的厚度，m；

ρ——胶料密度，t/m³；

Q——热炼机的生产能力，kg/min。

3. 供挤出压型用的热炼机理论台数计算

$$E=qW(1+k)/Q$$

式中　E——理论台数，台；

q——单位时间挤出半成品数量，m/min、条/min、个/min 等；

W——单位半成品质量，kg/m、kg/条、kg/个 等；

k——挤出不合格的返回率，%；

Q——热炼机的生产能力，kg/min。

将以上按照原材料和半成品日用量和已经选定的主要设备的生产能力，计算出的主要生产设备和各计算参数填入表 2-6。

计算出主要生产设备台数后，还要确定出配套设备（辅机或联动装置）的台数，最后，即可编制生产设备一览表，如表 2-7 所示。有关模具、硫化模型、成型机头等也应列入其中。

表 2-6　主要生产设备计算表

序号	设备名称	型号与规格	每日开动小时数	每日生产任务			设备生产能力		利用系数	理论台时	检修系数	理论台数	设计台数	设备利用率	备注
				产品名称	单位	数量	单位	数量							

表 2-7　生产设备一览表

序号	设备位置编号	设备名称	型号与规格	使用动力条件	设计台数	设备质量/t		制造工厂	备注
						单机质量	总质量		

注：1. "设备位置编号"是指设备在工艺平面布置图中的编号，下同。

2. 若是老厂扩（改）建，需分别列出"原有设备"与"新增设备"的台数。

3. 如个别设备必须采用正在研制的设备或需要试制的设备时，需在备注中注明。

五、半成品存放面积的计算

由于目前橡胶制品生产工艺连续化程度仍较低，在橡胶制品生产过程中，橡胶加工工艺要求上下工序之间应储备半成品，各种半成品一般都需有空间存放。存放面积的大小关系到车间内部的工艺布置和厂房建筑面积。因此，需要计算其存放面积，在工艺平面布置时予以安排。

根据设计日产量、半成品日用量、设备开动班次和工艺加工对半成品停放时间的要求，确定各种半成品的合理存放时间，并计算其存放量。然后按各种半成品的存放方法、存放器具的形式、单位面积存放量，计算需要的存放面积。

1. 半成品存放量的计算

$$g=\frac{Gt}{T}$$

式中　g——半成品的存放量，kg、m、m²、件、条等；

　　　G——半成品的日需要量，kg、m、m²、件、条等；

　　　t——半成品的存放时间（凡列出上、下限两个数据时，如 4～24h，其下限 4h 是指橡胶加工工艺的最低要求；上限 24h，是指上、下工序正常生产周转量的要求。凡只列出一个数据者，是指周转量的要求），h；

　　　T——每日工作时间，h。

2. 半成品存放面积计算

（1）有存放器具时的半成品存放面积

$$M=\frac{gm}{qc}$$

式中　M——半成品的存放面积，m²；

　　　g——半成品的存放量，kg、m、m²、件、条等；

　　　m——单位器具的占地面积，m²；

　　　q——单位器具的存放量，kg、m、m²、件、条等；

　　　c——面积有效利用系数，取 $c=0.5$。

（2）就地存放时的半成品存放面积

$$M=\frac{g}{qc}$$

式中　M——半成品的存放面积，m²；

　　　g——半成品的存放量，kg、m、m²、件、条等；

　　　q——单位场地面积的存放量，kg/m²、件/m²、条/m² 等；

　　　c——面积有效利用系数，取 $c=0.5$。

半成品存放面积计算结果按表 2-8 格式填写。

表 2-8　半成品存放面积计算表

序号	半成品名称	单位	存放时间/h	存放量	存放方法	每个存放器具占地面积/m²	每个存放器具存放量	计算面积/m²	面积有效利用系数	设计面积/m²	备注

六、生产仓库面积的计算

橡胶厂的仓库种类较多，为工艺生产使用的仓库有各种化工原材料仓库、油料仓库和各种成品仓库。根据各种原材料日用量和各种制品日产量，分别按照其不同的库存天数、单位面积存放量进行计算。计算方法与半成品存放面积计算相同。将计算结果按照表2-9的格式进行各种生产仓库面积的填写。

表 2-9　原材料（或成品）仓库面积计算表

序号	原材料(或成品)名称	单位	日用量或日产量	库存天数	库存量	1m²存放量	计算面积/m²	面积有效利用系数	设计面积/m²	分配面积/m²	备注

注：1. "分配面积"指在"设计面积"的基础上，根据土建设计的情况，进行实际分配的结果。

2. 存放量＝日用量×存放天数。

七、各种动力介质消耗量的计算

橡胶制品工厂特点之一是使用动力介质多。这些动力介质，一是设备使用介质，二是生产工艺使用动力介质。动力介质包括动力电、照明电、控制用的弱电、冷却水、蒸汽、压缩空气、压力水、循环过热水和抽真空等。

为了向动力设计等有关专业提出设计任务书，工艺设计需计算各动力介质消耗量。动力介质消耗根据设备装置的台数、单台设备耗用量及同时使用同一种介质的台数、种类进行计算，计算公式为：

$$G = \sum FQ$$

式中　G——动力介质消耗量，kW、t、m³ 等；

　　　F——同时使用动力介质设备台数，台；

　　　Q——单台设备耗用量，kW/台、t/台、m³/台等。

同时使用动力介质设备台数是指同时使用一种介质或动力的设备台数。例如，有3台同样规格的硫化罐硫化胶鞋，如果三台设备同时装罐，同时充入蒸汽，同时硫化，则同时使用硫化蒸汽介质的设备台数为3台；如果一台先装罐，充好蒸汽后，再装第二罐，再充蒸汽；第二罐完成后再装第三罐，再充蒸汽。这时虽然三台设备都工作，但不是同时使用蒸汽介质，此时，同时使用蒸汽介质设备台数为1台。多台数时由数学统计方法确定。

工艺生产设备和试验设备的电机与电热容量，单台设备配用电机的容量、使用动力介质的参数和消耗量，可根据设备规格、设备说明书、生产工艺条件等确定。

由于橡胶生产所用动力介质较多，计算比较繁杂，现仅对主要的动力介质简介如下。

1. 冷却水消耗量

橡胶制品生产上使用冷却水有两大类，一类是一般用冷却水，另一类是内压冷却水。

一般用冷却水主要用于设备冷却和半成品冷却，这种冷却水要求机台入口压力为0.3～0.4MPa，温度有15℃左右的低温冷却水和25℃左右的常温冷却水，15℃左右冷却水主要供给密炼机和压片机等设备冷却用；25℃左右的常温冷却水则供给一般生产设备和半成品冷却用。

内压冷却水即硫化轮胎等产品用的内压水，其硫化压力与循环过热水相同，硫化新胎时一般为2.5～2.8MPa。硫化翻新胎一般为1.0～1.2MPa。

大部分设备冷却水、内压冷却水都需过滤和软化处理，以防积垢。

冷却水消耗量的计算可按表2-10的格式填写。

表 2-10　生产用冷却水供应设计任务表

序号	设备位置编号	设备名称与规格	同时使用冷却水台数	每日运转小时数	单台设备用水量/(m³/h)		用水条件		总用水量/(m³/h)		排水情况		总排水量/(m³/h)		备注
					最大	平均	压力/MPa	温度/℃	最大	平均	温度/℃	洁或污	最大	平均	
(1)	(2)	(3)	(4)	(5)	(6)	(7)	(8)	(9)	(10)	(11)	(12)	(13)	(14)	(15)	(16)

注：1. 第（5）栏根据每日生产任务所需要开动的台时情况填写。

2. 第（6）、（7）、（8）、（9）、（12）、（13）栏，根据设备资料填写。

3. 第（10）栏＝（4）×（6）。

4. 第（11）栏＝（4）×（7）。

2. 高低压水

高低压水是操作生产设备的动力介质，主要用大型立式硫化罐、硫化机（轮胎）、水压硫化机（垫带、力车胎）和各种大型水压平板硫化机等。低压水的压力一般为 2～3MPa，高压水的压力为 12～15MPa。

3. 循环过热水

在橡胶制品生产中，主要是轮胎硫化时使用过热循环水作为内压加压和加热介质，一般新胎硫化时温度为 160～170℃，压力为 2.5～2.8MPa。翻胎硫化时温度为 145℃左右，压力为 1.0～1.2MPa，过热循环水必须作软化处理。

4. 蒸汽

蒸汽主要作为制品硫化加热介质使用，同时也有少量作为设备预热使用。所用蒸汽压力一般不超过 0.8MPa，只有轮胎硫化需用 1.0MPa 以上。

5. 压缩空气

压缩空气是生产工艺过程中广泛使用的动力介质，主要用途有操作设备，硫化加压介质，半成品吹水、吹风、定型等。压缩空气需要净化处理。生产工艺用压缩空气压力一般不超过 0.8MPa，但轮胎定型硫化机上活络模操纵风缸和吹水用 1.4～1.6MPa；力车外胎硫化用 1.3～1.5MPa，三角带鼓式硫化机为 2.0～2.5MPa。

6. 抽真空

生产工艺中使用真空技术的主要有 B 型硫化机的胶囊抽真空、力车外胎隔膜硫化机、力车内胎包装机、编织胶管包外胶、真空挤出机等。真空度一般为 400～300mmHg（1mmHg＝133.322Pa）。

八、生产人员的配备

根据已经确定的生产设备开动台数、开动班次以及机组和工段的划分情况，即可按照机台操作岗位，配备生产操作工人、半成品搬运工、辅助生产工人（如车间保全工等）。在汇总生产工人总数时，还应适当增加由于工人缺勤而需替补的工人人数。生产工人配备结果可汇总填入表 2-11。

由表 2-11 即可统计出各生产车间（工段）、实验室和生产仓库的生产工人总数，最大班人数和男女人数，作为有关专业进行车间办公室、生活室和生活用水等项设计的依据。

表 2-11　生产人员配备表

序号	生产车间（或工段）名称	工种	班数	第一班		第二班		第三班		全部		备　注
				人数	女性	人数	女性	人数	女性	人数	女性	

九、向有关专业提出的设计要求

根据各种橡胶制品的生产特点和建厂地区的自然条件，向有关设计专业分别提出各生产车间、实验室、成品试验站和各种生产仓库的设计要求。主要内容如下：

① 工艺生产对机械搬运和自动控制装备水平的设计要求；

② 工艺生产对车间动力供应的设计要求；

③ 工艺生产对室内温度、相对湿度、通风除尘和防潮降温等方面的设计要求；

④ 工艺生产对防火、防爆车间（工段）的设计要求；

⑤ 工艺生产对厂房建筑结构、楼板荷载和地面等方面的设计要求；

⑥ 工艺生产对生产车间、生产仓库、实验室和成品试验站等方面的办公室、生活设施的设计要求；

⑦ 工艺生产对"三废"处理的设计要求；

⑧ 向各设计专业提出设计联系资料。

十、生产车间工艺布置设计

生产车间工艺布置就是将生产设备按工艺要求合理地布置在生产车间厂房内，以便施工图设计。

车间平面布置是假设用一水平面沿车间窗台以上位置截开，移去上部，向下投影而得的俯视图。表示了车间的形状、大小和设备的布置情况等。

（一）工艺布置设计的一般要求

生产车间工艺布置合理与否直接影响生产工艺方案能否实现及工厂的效率、占地面积及建设投资等，对整个工厂的厂貌及其他设计都有重要的影响，在进行生产工艺布置时，首先遵守工艺设计的整体原则，同时还应注意以下几点。

① 以组织形成工艺生产流水线为准则，生产工艺流程要顺，力求合理。尽量缩短半成品运输路线，并尽可能避免运输路线交叉和往返。

② 各生产车间的用胶一端，尽可能接近炼胶车间，以便于胶料的搬运和供应。但为了减少炼胶车间对生产厂房的污染，炼胶车间应尽量布置在全年主导风向的下侧。

③ 生产设备的周围需留出足够的操作面积和设备吊运、拆装、检修所需要的地方，以及机台之间的安全间距等。

④ 各生产工序（或工段）之间，需留出足够的物料和半成品存放面积。

⑤ 各生产车间（或工段）之间，需留出车间内部通道和运输道路。

⑥ 在布置大型生产设备（或机组）时，必须注意地基状况、楼板荷载以及与厂房高度和柱的关系。若有问题需与土建专业协商，采取相应措施。还需注意大型设备基础与厂房墙、柱基础的关系。两种基础不能连接或紧靠。若间距过小，需采取防震措施。

⑦ 在不影响产品质量的前提下，应充分利用自然采光和自然通风条件，保障良好的生产操作环境。生产厂房四周，尽量不要贴墙布置其他建筑物。

⑧ 在生产车间工艺布置过程中，需同时考虑管道敷设、起重运输、自动控制、通风设

施、车间动力站、车间变电所等所需要的面积和比较合适的位置。需分别会同有关设计专业协商确定。

⑨ 为了消防和生产安全，在布置车间内部的主要通道时，要考虑人员迅速疏散的条件。对于易燃易爆生产工段，应布置在主厂房的边角地带，并提供生产车间工艺平面布置图和必要的立面布置图。请有关专业在设计时采取必要的措施。

⑩ 要为车间办公室和车间生活室留出足够的面积，以便有关设计专业进行具体安排。

⑪ 结合长远发展规划，应为进一步扩建预留出方便条件。

(二) 生产厂房的整体布置

生产厂房的整体布置就是根据工艺、交通运输、动力供应和生产管理多方面的要求，结合地形、地貌和周围环境等具体情况，进行全厂各种建筑物、构筑物和道路等的布置。

橡胶厂生产厂房的整体布置基本上可归纳为综合性集中厂房和按车间划分的分散厂房两种形式。国内外生产实践证明，综合性集中厂房具有更多的优点。

1. 综合性集中厂房

即把一种橡胶产品（如轮胎）的整个生产过程的几个车间，甚至把几种橡胶产品的几个生产车间，按照生产工艺流程的合理性，集中布置在一个大厂房内。这种形式的优点是：生产车间集中、厂区布置紧凑、节省占地面积；各生产车间连在一起，便于组织连续生产流水线；半成品可避免露天运输，不受外界环境影响，也减少半成品在搬运过程中变形，这对严格控制半成品的规格、提高产品质量极为重要；同时，某些生产设备还可就近共用，或互为备用。另外，各种动力介质管线均可相应缩短，减少能量损耗。

2. 按车间划分的分散厂房

即将几个主要生产车间或按不同产品划分的生产车间，按照生产工艺总的流向，分别布置在附近的几个厂房内。其优点是：各生产车间相互干扰小；自然采光、自然通风条件较好；需要除尘和冬季保温的车间（工段），便于在小范围内个别处理，也可节省采暖通风设备的投资；各车间扩建的余地较大。缺点是生产厂房分散，占地多；半成品避免不了要露天运输，对产品质量带来影响；生产设备难以共用，且动力管线加长，日常能量损失较大。

经过初步调查分析认为，在新建或扩（改）建橡胶厂的设计中，需适应技术装备水平和生产管理水平的不断改进，按照产品质量要求越来越高，应积极采取集中厂房的形式。但在总平面和工艺布置时，需结合长远发展规划，留出发展余地和扩建条件。

(三) 工艺布置设计的步骤

① 生产车间的工艺布置，一般先从平面布置开始。如上所述，首先需确定生产车间整体布置的形式（即采取集中厂房还是分散厂房），并按照总图设计的意图（如厂区大门方位、厂区区间划分、厂区主干道布置、铁路进线方向等）和各设计专业在总图布置上的协调意见，初步确定生产厂房和生产仓库在总图上的区域位置。

② 本着工艺合理布置的要求，先与土建及起重运输专业共同拟定生产厂房的柱距、跨度和厂房各层层高等，然后即可按照拟定的厂房柱距、跨度等条件，利用 CAD 技术进行多种设计方案综合比较，并绘制工艺平面布置图。

③ 对于多层厂房，尤其是上下联动生产部分，工艺平面布置与立面布置需同时考虑和安排，以使上下联动作业相互协调。

④ 生产车间多方案的工艺布置图，经与各设计专业反复研究讨论和进行技术经济比较

后，选定其中最佳设计方案。对有关专业设计的部分，如起重运输装置、集中控制室、车间动力站、车间变电所、通风机室以及车间保全室、车间办公室和生活室等，均经协调作出妥善安排，合理布置。然后，再正式绘制生产车间工艺平面布置图和必要的立面布置图。

十一、编制工艺设计文件

（一）编制工艺初步设计文件

在上述各项工作完成之后，即可编制工艺初步设计文件，包括工艺设计书和布置图（如工艺生产流程图和工艺平面布置图等）。与此同时，还需编制工艺设计投资概算，提交概算专业校审汇总。

工艺设计投资概算的组成，包括全部工艺生产设备和试验设备仪器的购置费、运杂费和安装费。若是老厂扩（改）建项目，还需包括原有设备调整搬迁部分的拆迁费和大检修费用。生产用铸钢模型、模具和轮胎成型机头等也需列入设备投资。

（二）编制工艺施工图设计文件

根据上级有关领导机关或建厂者批准的初步设计和审批意见，编制工艺施工图设计文件。

工艺施工图设计的内容包括：①工艺平面布置施工图设计；②设备安装基础图设计；③设备配管图设计；④设备基础平面位置图设计；⑤胶浆房、松焦油工段和皂液工段等工艺施工设计及其物料输送管路施工设计。

自测题

1. 什么叫工艺设计？橡胶制品厂工艺设计包括哪些主要内容？

2. 生产规模、原材料和半成品消耗定额的含义是什么？各自的计算公式如何？公式中各参数的值如何选取？

3. 某单位拟建设计划年产量 150 万条 7.50-20 普通轮胎厂，根据国家有关规定，试计算设计日产量和年产量多少条和多少万条。

4. 第 3 题中的轮胎厂采用"一方一块"挤出法，施工表中 7.50-20 轮胎胎面胶半成品断面尺寸和图形如图 2-3 所示，成型长度 2238mm，胶料密度 1.13kg/dm³，质量系数为 1.0，成型时割去胎面胶质量 0.1kg，工艺损耗率为 0.003，求胎面胶半成品的理论用量和和消耗定额，该胎面胶的设计日用量和年用量多少吨？

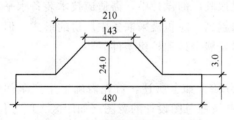

图 2-3 轮胎胎面半成品断面图

5. 在第 4 题中已知 7.50-20 轮胎胎面胶半成品胶料配方为：天然胶，25；丁苯胶，25；顺丁胶，50；硬脂酸，3；氧化锌，4；石蜡，1；防老剂 RD，0.50；防老剂 4010NA，1.0；防老剂 BLE，1.5；机油，5；中超耐磨炉黑，30；高耐磨炉黑，25；促进剂 NOBS，0.6；促进剂 DM，0.1；硫黄，1.5。根据第 4 题计算出的胎面胶理论用量和消耗定额，求一条 7.50-20 轮胎胎面半成品中各种原材料的理论用量和消耗定额。

6. 工艺方案的概念是什么？工艺方案选择原则有哪些？工艺方案论证方法有哪几种？根据第 4 题计算出的 7.50-20 轮胎胎面胶半成品胶料日用量，依据工艺方案的选择原则，试选择与论证该胶料采用什么方法生产？采用什么类型的炼胶设备？

7. 设备生产能力、理论台时、理论台数、实际台数的概念分别是什么？根据第 6 题确定的炼胶方法和设备类型，及你在工厂实习实践活动中所了解的炼胶设备，以及查阅有关橡胶设备资料，预选设备的规格，确定设备生产能力；计算设备理论台时、理论台数、设计台数；根据计算出的设备利用率，分析预选的设备规格是否合适？如果不合适，应该如何改动？如果合适或改动后达到合适后，请确定生产班次。该胶料生产工序最少配备多少生产人员？

8. 根据第3题、第4题和第7题计算的胶料半成品、原材料的日用量和生产班次，半成品的存放时间4h，器具占地面积0.64m²，存放量400kg，计算原材料和半成品的存放面积。

9. 平面工艺布置的概念是什么？根据6～8题所确定的胶料生产方法、设备类型与规格、设备台数、原材料和半成品的存放面积等，按照平面工艺布置原则，试进行计划年产150万套7.50-20轮胎厂配炼车间的平面工艺布置（要求绘示意图和说明）。

项目二 塑料制品厂工艺设计(拓展)

【项目导言】 项目来源于对塑料制品厂工艺设计共性分析与总结，学习者可以结合你所参观实习的塑料制品厂情况学习项目的相关内容。

【学习目标】 能通过学习和在塑料制品企业的生产实践，理解塑料制品物料衡算、能量衡算的含义和步骤，并能进行计算；结合塑料制品的生产现状和特点，能进行工艺方案的选择与论证，了解塑料制品的生产工艺流程，并能进行初步设计，了解塑料制品生产设备的选择、车间平面工艺布置。通过各项目任务的学习与正确计算，提高对塑料制品企业的深入认识，即由原来的定性认识，变为定量认识，在生产经营方面逐步形成以"量的概念"分析问题解决问题的素质与能力。

【项目任务】 共分六个项目任务，分别为工艺方案（生产方法）的选择与论证、物料计算、生产工艺流程设计、能量计算、设备设计与选择、车间布置。

【项目验收标准】 完成一个典型塑料制品的生产工艺设计，采用查看设计资料和答谢方式检验对六个项目任务的完成情况。

【工作任务】 分述如下。

塑料制品生产过程多数为物理过程，是根据塑料的可塑性进行加工成型，较橡胶制品生产工艺简单，一般从原料到产品可由一台或几台设备完成，如塑料管、片、膜、容器等。塑料加工厂的总体是由按制品种类划分的车间组成，工厂的总体设计是由各个车间设计所构成。所以工艺设计也是以车间为单位进行。

车间工艺设计一般包括工艺方案（简称生产方法）的选择、物料计算、生产工艺流程设计、能量计算、设备设计（非标或辅助设备）与选择、模具设计、车间布置设计、管道设计、其他非工艺设计项目的考虑、环境保护、安全技术、设计说明书的编写、经济核算与概（预）算的编制等。其中有些设计内容与橡胶制品厂工艺设计相同或相似，所以对重复的部分不再赘述。

一、工艺方案（生产方法）的选择与论证

工艺方案主要是指产品的生产方法。工艺方案的选择也就是生产方法的选择。工艺方案的选择是车间工艺设计的精华，生产方法确定得当，会使车间固定资产投资节省、产品质量提高、成本下降、生产效率提高，最终提高经济效益。所以在设计中要千方百计从各方面收集生产方法的资料，反复多方比较，按照技术先进、生产可靠、经济合理、生产设备与整个行业装备水平相适应的设计原则确定生产方法，结合生产能力和产品特点使其适应塑料工业今后的发展趋势。

1. 生产方法资料的搜集

① 从国内外塑料杂志、书籍及互联网上收集。例如国内的《塑料》、《中国塑料》、《工

程塑料应用》、《塑料工业》等；国外的 Modern Plastics（《现代塑料》）、Modern Plastics International（《国际现代塑料》）、Plastics Technology（《塑料工艺学》）、Plastics Engineering（《塑料工程》）、European Plastics News（《欧洲塑料信息》）、British Plastics & Rubber（《英国塑料与橡胶》）、《工业材料》（日）等。

② 从历年来各种橡胶与塑料工业展览会上收集资料。例如自 1996 年以来在我国举办的国际橡胶与塑料工业展览会，从展览会上可以收集最新的资料。

③ 从国内外生产厂家实际的产品生产方法搜集。如走访同类产品的生产厂家，从中收集相关资料。

④ 专家出国考察报告。根据专家出国考察报告、讲座等收集。

⑤ 国外专家来华学术报告。

⑥ 科研单位和高等院校的科研、试制、开发材料。

⑦ 设计单位的资料。

2. 工艺方案的选择与论证

每生产一种塑料产品，都有几种或多种不同的生产方法，如何确定最好的方案呢？我们可用比较法、成本推算法等方法进行选择与论证。

(1) 采用比较法进行工艺方案选择与论证　例如，生产小轿车的前后保险杠，世界各国采用不同的方法：①用聚氨酯原料进行反应注射成型（RIM）；②用片材模塑物（SMC）热压成型；③用PP/EPDM 热塑性弹性体进行注塑；④用工程塑料进行结构吹塑成型（structural blow molding）等。以上生产方法各异，所用塑料原料也不同，这就需要结合我国和本地实际情况从中选择一种技术先进、经济合理的生产方法。①和③相比，设备投资与模具费用③大于①，原料费用①大于③，总的说来聚氨酯保险杠远远比 PP/EPDM 保险杠贵。用 SMC 模压成型制得的保险杠，由于 SMC 材料缺乏弹性，所以，实际使用中吸收冲击能的能力较低，但产品成本相对偏低。第④种用工程塑料进行结构吹塑成型，起源于美国，德国等国家也相继开发，迄今报道甚少，如欲采用，必须找到可靠的设备与模具的制造商才能逐步使用。所以，我国现阶段保险杠生产还是采用 PP/EPDM 为原料进行注射成型较为妥当。

又如生产汽车塑料燃油箱，世界各国采用不同方法：①用高分子量高密度聚乙烯进行单层吹塑成型，然后内壁采用磺化或氟化处理；②采用不同品种塑料进行多层吹塑成型；③把燃油箱一分为二，采用塑料片材进行热成型，然后两部分热熔连接；④采用粉状塑料进行回转成型。第②种方法日本 IHI 公司开发较久，但由于制造过于复杂，质量不易控制，而且成本高，现阶段汽车行业较少采用。第③种方法塑料片材热成型后两部分进行热熔连接，其质量也较难控制，因而总不如整体油箱的安全。第④种方法由于燃油箱的几何形状复杂（这是因为小汽车都是利用车身后底部不规则空间安装燃油箱），采用回转成型较难制得油箱各部位壁厚均匀、质量均匀的产品。所以，迄今为止世界各国多采用第①种方法进行制作。

再如生产硬聚氯乙烯管材，采用如下方法：①单螺杆挤出机挤出真空定型或挤出加压定型；②平行异向双螺杆挤出机挤出真空定型或挤出加压定型；③锥形异向双螺杆挤出机挤出真空定型或挤出加压定型。国外自 20 世纪 60 年代以来，硬聚氯乙烯管材的挤出成型都倾向于采用异向排气式双螺杆挤出机，这是因为它具有输送效率大、分散混合作用大、剪切速率低、发热量小、温度分布均匀、滞留时间短、能耗低、能量利用率高、配方中稳定剂分量可少加、甚至也可使用钙-锡系稳定剂，特别是生产透明聚氯乙烯型材。所以可选用②或③方法进行制作。

（2）成本推算法进行工艺方案选择与论证　采用成本推算法选择最佳产品方案的过程为：先测算出新产品的设计成本指标，然后以此推算单位产品的利润指标和实现每万元利润的设计费用，以及专用工装费用指标，最后比较不同设计方案的上述三项指标，选择总利润指标最高的设计方案。

推算单位产品设计成本、单位产品利润和实现每万元利润的设计费用及专用工装费用这三项指标的公式如下：

$$A = B + \frac{C+D+E}{F} \tag{2-12}$$

式中　A——单位产品设计成本，元；

　　　B——单位产品变动成本，元；

　　　C——总固定成本，元；

　　　D——设计费用，元；

　　　E——增加专用工装费，元；

　　　F——预测产销量，元。

$$Q = W(1-K) - R \tag{2-13}$$

式中　Q——单位产品利润，元；

　　　W——预测单位产品销售价格，元；

　　　K——产品税率，%；

　　　R——预测单位产品设计成本，元。

$$P = 10000 \times \frac{D+E}{N} \tag{2-14}$$

式中　P——实现每万元利润的设计费用和专用工装费用，元；

　　　D——设计费用，元；

　　　E——增加专用工装费用，元；

　　　N——预测实现的利润总额，元。

从上述公式中可以看出，采用成本推算法进行产品设计方案的优选，需要进行设计费用、单位产品变动成本、总固定成本、增加专用工装费用、产品销售量和产品销售价格等项目的预测，只有预测得比较准确，才能保证方案优选的科学性和正确性。

【例题 2-5】　某塑料制品厂开发新型塑料汽车油箱，经有关技术经济数据收集比较，选用了两种设计方案，两方案技术经济指标见表 2-12。请用成本推算法确定最佳方案。

表 2-12　塑料油箱两种设计方案的技术经济指标　　　　　　　　　　单位：元

指　　标	第一方案	第二方案	增减额（第二方案－第一方案）
设计费用	10000	15000	5000
单位产品变动成本	850	850	0
总固定成本	120000	120000	0
增加专用工装费用	30000	48000	18000
预测销售量	4000	6000	2000
预计单位产品出厂价	1050	1050	0
产品税率	5%	5%	0

解： 现将表 2-12 中的数值分别代入式（2-12）～式（2-14）可得以下几项内容。

第一方案：

$$A = 850 + (120000 + 10000 + 30000) \div 4000 = 890 \ (元)$$

$$Q = 1050 \times (1 - 5\%) - 890 = 107.50 \ (元)$$

$$P = 10000 \times (10000 + 30000) \div (107.50 \times 4000) = 930.23 \ (元)$$

第二方案：

$$A = 850 + (120000 + 15000 + 48000) \div 6000 = 880.50 \ (元)$$

$$Q = 1050 \times (1 - 5\%) - 880.50 = 117.00 \ (元)$$

$$P = 10000 \times (15000 + 48000) \div (117.00 \times 6000) = 897.44 \ (元)$$

表 2-13　两种方案测算的利润总额　　　　　　　　　　　　　单位：元

指　　标	第一方案	第二方案	增减额（第二方案－第一方案）
预测单位产品设计成本	890.00	880.50	−9.50
预测单位产品实现利润	107.50	117.00	9.50
预计实现每万元利润的设计、专用工装费用	930.23	897.44	−32.79
预计实现的利润总额	430000.00	702000.00	272000.00

从表 2-12、表 2-13 可见，尽管第二方案的设计费用和增加的专用工装费用比第一方案高出 23000 元，但由于预测销售量第二方案比第一方案多 2000 只，使单位产品设计成本低 9.50 元，单位产品实现利润高 9.50 元（这是因为单位产品的其他费用和税率及价格都相等），总利润额多 272000.00 元，而且实现每万元利润所需的设计和专用工装费用较低。

因此，相对于第一方案来说，第二方案是最佳方案。

二、物料计算

当生产方法确定后，就可以对车间进行具体的工艺设计。生产工艺流程设计和物料计算是各个设计项目中最先进行的两项。物料衡算又是物料计算的基础，所以物料衡算是最先完成的项目。

1. 物料计算的依据

物料计算意味着设计工作由定性转向定量。物料计算的基础是物料衡算。物料衡算是质量守恒定律在塑料加工生产过程中的一种体现，是质量守恒的计算过程。也就是说，凡引入某一塑料机械中进行加工的物料质量必等于加工后所得产物的质量与物料损失质量之和。

物料衡算的依据质量守恒定律，是生产工艺流程示意图和物料计算所需要的资料。通过物料衡算可以得到进入设备和离开设备的物料各组分的名称、规格、成分、质量和体积，进而可以算出产品的原料消耗定额，昼夜或年消耗量以及与物料有关的废品及排出物量。根据物料计算可以进行如下工作：①初步确定设备的容量、套数和主要尺寸；②设计生产工艺流程草图；③进行热量计算；④确定设备的材质（指与物料接触的材料）；⑤计算输送管道，包括物料、水、冷冻水、热水、导热油、压缩空气等。

2. 物料衡算步骤

在进行物料衡算时，为了避免错误，建议遵循下列计算步骤。

（1）物料衡算示意图　在图中注上与物料衡算有关的数据。最简单的物料衡算示意见图 2-4。

（2）说明计算任务　如年产量（包括年产数量和吨位数）、年工作日、每昼夜产量、纯度（包括玻纤含量及其他添加剂含量）、产率等。

（3）选定计算基准　对于塑料制品，一般可以以年产量或日产量折算成重量后进行物料

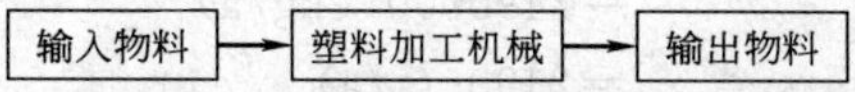

图 2-4　塑料物料衡算示意

衡算，或者以一台塑料机械（主要设备）的生产能力为计算基准进行物料衡算。

（4）选择计算所必须的各种数据　包括物化常数和工艺参数。

（5）物料衡算　由已知数据，根据公式进行物料衡算，计算公式为：

$$\sum G_入 = \sum G_出 + \sum G_损$$

式中　$\sum G_入$——输入的物料量总和，t、m、m²、m³、个、条等；

　　　$\sum G_出$——输出的物料量总和，t、m、m²、m³、个、条等；

　　　$\sum G_损$——物料损失量总和，t、m、m²、m³、个、条等。

（6）编写物料衡算表、绘制物料衡算图　将计算结果编写成物料衡算表，表中要列出输入和输出的物料名称、数量、成分及其百分数，需要时可绘制成物料衡算图。

【例题 2-6】　某汽车制造厂年产 30 万辆小轿车，其前后保险杠材料均采用热塑性弹性体 PP/EPDM。前保险杠重 3.9kg，后保险杠重 4.4kg，一套合重 8.3kg。试进行年产 30 万套前后保险杠的物料衡算。模具为一模两穴，即前后保险杠同时出模，产品合格率为 90%，破坏检验率为 0（只作尺寸检验）。浇口废品占 7%（不合格品和浇口废品还可二次使用），损耗 3%，生产周期 135s。操作班次为每昼夜 3 班，每班 8h。

解：确定年工作日＝全年 365 天－104 个双休日－7 天固定假日－30 天停工检修－10 天临时故障＝214 天（模具拆装时间已除去）。

所以，每年工作小时数＝214×24＝5136h。

（1）按产品套数计算

设计日产量＝300000/[214×(90%－0)]

　　　　＝1558（套/d）

设计时产量＝1558/24

　　　　＝65（套/h）

设计年产量＝1558×214

　　　　＝333412（套/a）

生产周期折小时数＝135/(60×60)＝0.0375h

每台注塑机年合格品生产能力＝(5136/0.0375)×90%

　　　　＝123264（套/台）前后保险杠

注塑机台数＝300000/123264

　　　　＝2.43 台（取 3 台）

合格产品产量＝300000（套/a）

　　　　＝1250（套/d）

　　　　＝52（套/h）

（2）按产品质量计算

设计年产量＝333412(套/a)×8.3(kg/套)

　　　　＝2767319.6（kg/a）

　　　　＝2767.32（t/a）

合格产品年产量＝300000（套/a）×8.3（kg/套）

$$=2490000 \text{（kg/a）}$$
$$=2490 \text{（t/a）}$$

不合格产品年产量$=2767319.6$（kg/a）-2490000（kg/a）
$$=277319.6 \text{（kg/a）}$$
$$=277.32 \text{（t/a）}$$

根据题意，不合格品和浇口的材料还可重新使用，但生产中的损耗已不可避免，这些损耗或成为不可再用的废物，或分解后成为气体等。所以，输入物料（原材料的消耗量）＝合格品产量＋生产合格品损耗＋生产不合格品损耗＋浇口物料损耗。

生产合格品损耗$=2490$（t/a）$\times 3\% = 74.7$（t/a）
生产不合格品损耗$=277.32$（t/a）$\times 3\% = 8.32$（t/a）
浇口物料损耗$=2767.32$（t/a）$\times 7\% \times 3\% = 58.11$（t/a）
原材料消耗量$=2490$（t/a）$+74.7$（t/a）$+8.32$（t/a）$+58.11$（t/a）
$$=2631.13 \text{（t/a）}$$

三、生产工艺流程设计

生产工艺流程设计就是用图解形式实现设计者的意图。生产工艺流程设计和车间布置设计是车间工艺设计的两个重要内容。生产工艺流程设计的目的是通过图解的形式，表示出在塑料加工过程中，由塑料原料制得塑料制品过程中，物料和能量发生的变化及其流向，表示出生产中采用哪些塑料主机和塑料辅机，以及其他设备与机械，据此进一步设计管道流向和计量控制流程。

当塑料加工方法确定后，设计人员根据搜集的资料，首先要考虑原料合理地经过哪些塑料加工过程及设备，以及经过哪些能量变化，最后制得成品。在复杂的加工过程中，往往不是直接由原料制得成品，而是由原料先制成半成品，有时还需辅以各种非塑料辅料，最终把它们组合装配而成。与此同时，在加工过程中，往往还会产生若干塑料废品，需要挑选后，粉碎重复利用；在加工过程中还会产生废水和废气，需要排除，甚至需要处理后再排除。

生产工艺流程设计非常复杂，同各方面都有牵连关系，因此它不可能一次设计好，而是最先设计，最后完成。同时需要由浅入深，由定性到定量，分成几个阶段进行设计，一般分三个阶段：①生产工艺流程示意图；②生产工艺流程草图；③生产工艺流程图。

生产工艺流程图一般由五部分组成：物料流程、图例、设备一览表、图签和图框。

现以硬 PVC 管材生产工艺流程为例（异向双螺杆挤出生产线）简介塑料生产工艺流程问题，如图 2-5 所示。一般情况下，混合流程采用立体布置，挤管流程采用平面布置。PVC树脂由汽车槽车运抵工厂，用罗茨鼓风机正压或负压输送入 PVC 储罐，再分批用风机抽出，经自动秤称量后入热高速混合机。热稳定剂、润滑剂、色母料、填充剂等分别先加入各自储罐中，然后分批抽出，经自动秤称量后也加入热高速混合机，热混后排放入高速混合机中，

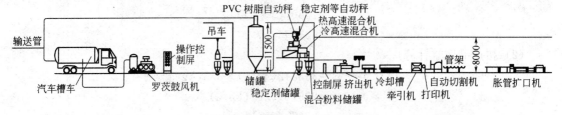

图 2-5 硬 PVC 管材生产工艺流程

夹套内通冷却水予以冷却，冷却后的混合料放入混合料储罐内，再抽吸入排气式异向双螺杆挤出机加料斗中，物料熔融塑化经机头出来形成管坯，通过冷却定型、再冷却、牵引、打印、切割落进管架上。然后翻管，管材入小车推至检验台，经检验后包扎成管材成品。管材如需胀管扩口，则将管架上的管材送至胀管扩口机进行加热胀管扩口，而后经检验包扎得成品。

塑料制品生产工艺流程设计要点如下。

① 设计塑料加工生产工艺流程是在选定生产方法的基础上进行的，首先选定先进的塑料加工主机，塑料加工主机一般来说不像化工设备需要计算设计，如同橡胶设备一样，它是塑机制造厂已定型化了的，问题是塑机制造厂国内国外很多，型号规格很多，如何根据本单位的经济实力，项目的投资多少，尽可能以最经济的资金选购相对先进的主机。

② 根据生产规模和投资尽可能设计生产工艺流程自动化与机械化。从事塑料加工者和业外人员普遍都认为塑料加工和化工过程不一样，塑料加工主机一旦选定，就万事大吉，不需要多考虑整个生产工艺流程的自动化与机械化，因而普遍出现主机自动化程度很高，辅机跟不上，因而使整个生产工艺流程线处于僵化状态，即处于手工操作局面，例如若干台全自动控制（闭路系统）的进口注塑机却未配备原料干燥机、自动加料装置、着色混料装置、成品传送装置、浇口废品粉碎机、新料回料定量配料自动加料装置、模具吊装设备、模温控制机、成品取出机械手（必要时）、成品包装机、压缩空气装置、冷却水循环回收装置、冷冻水（5℃）装置（必要时）。因此必然造成产品质量低劣且不均匀、产量下降、成本上升、整个生产线处于非正常化落后状态，这种现象在大厂有，小厂较多，关键还是人们的认识问题，认识提高了，就会重视辅机的配套，就会完善整个生产工艺流程，最终为企业增加效益。

以图 2-5 硬 PVC 管材生产工艺流程（异向排气式双螺杆挤出生产线）分析，如果年产能力在 3000t 以上，而且原料厂供应的 PVC 树脂呈散装，则最佳方案为采用汽车槽车运至现场，用罗茨风机正压或负压送料至立式储罐（料仓），热稳定剂、润滑剂、加工助剂、增韧剂、填充剂、着色剂等用机械或手工先分别储存在各自的储罐内，然后送至自动秤称量后加入热高速混合机，量大的袋装添加剂可用吊车割口落入储罐内，也可用吸管吸入储罐内，量小的添加剂则用人工加入储罐即可。热高速混合机加热可用电热、蒸汽加热，也可用加热油加热，视企业公用设施条件而定。一般蒸汽加热成本低，但需蒸汽锅炉；导热油加热成本较低，但要用导热油炉；而电热简便，但成本高。出料要用压缩空气送至冷高速混合机，夹套内通冷却水进行冷却，出料也用压缩空气送至混合粉料储罐，或送至手推车推至挤出机旁，再吸送至挤出机加料斗内或用弹簧送料器送至挤出机加料斗内。异向排气式双螺杆挤出机的排气需用真空泵，挤出型坯的冷却定型需用水环式真空泵及冷却水，挤出机机头的拆装可用升降旋转式机头架，也可用吊车。挤出机的辅机包括真空定型冷却、冷却槽、牵引机、打印机、切割机及翻管架等都可配套订购，无须单独另买，胀管扩口机根据管材用途与接管方式而定取舍。至于检验台与管材自动包扎机，生产能力大的工厂是必不可少的；小规模的工厂可用人工检验和包装。以上所述可总结成一条：必须具备工业化生产的概念。

③ 设备位置的相对高低对连续操作程度、动力消耗、厂房展开面积，劳动生产率、企业效益等都有直接或间接关系。所以设计流程时，尽可能使物料自上顺流而下，但也要考虑车间布置和厂房建筑的合理性，因此在保证工艺流程合理的原则下，适当减少厂房层数也是必要的，这样可以减少建筑费用。

【例题 2-7】 某塑料厂拟新建设计划年产 1840t 的 PVC 透明粒料，请在收集和查阅有关技术资料的情况下，试对其工艺设计中的工艺方案、工艺生产流程、设计产量、主要设备及台数、物料衡算和物料衡算流程图部分进行设计。

解：1. 工艺方案的选择和论证

（1）工艺方案的选择　根据工艺方案选择原则，PVC 透明粒料选用锥形双螺杆造粒生产线生产。

（2）工艺方案的论证　PVC 透明粒料的生产方法有压延法和挤出法，挤出法又分单螺杆和双螺杆挤出法等。下面用对比法对工艺方案进行论证。

压延法造粒技术是物料在一定的温度下，通过密炼机和开炼机相对运转的转子或辊筒产生高剪切力使物料在混炼中产生摩擦，在摩擦生热的作用下，达到熔融塑化，形成塑化片送入压延机出片，用切粒机再将塑片切成粒状。这种加工方法利于物料中的水分和低温挥发物质的排出，这对 PVC 制品的质量尤为重要。但由于用开炼机塑炼和压延机出片时，生产工艺控制点多，环节多，物料加工暴露，杂质易进入物料，生产环境恶劣，影响 PVC 粒料质量，而且还有生产工艺长，设备装置多、复杂，占地面积大，生产厂房造价高，自动化程度低，劳动强度高等缺点。但它的生产工艺较成熟，生产历史长，所以国内还有一些厂家继续使用，但作为新上的 PVC 造粒技术，这种方法已经不可选用。

挤出造粒工艺是连续作业，从粉状原料到粒子成品，整个过程均在密封中进行。动力消耗、占地面积、劳动强度都比较小，因为物料从粉质料到塑化造粒均在挤出机中密闭进行，不受环境和其他物质的影响，生产工艺路线短，自动化程度高，生产工艺成熟。所以，它具有劳动环境优良、易管理、生产可靠、产品工艺控制严格和产品质量易于保证的优点。另外，由于螺杆长径比合适，物料在机内塑化较好，受热时间短，产生降解作用也较小，所以还有原材料损耗低、生产成本低等优点。

双螺杆挤出比单螺杆挤出塑化更均匀，质量更有保证，自动化连续化程度高，虽然设备投资比单螺杆高，但双螺杆投入产出比等经济效益比单螺杆好。

根据以上几种方法比较，本工艺方案采用 CM80SC 型锥形双螺杆造粒生产线的加工方法。

2. 生产工艺流程

具体的生产工艺流程如图 2-6 所示。

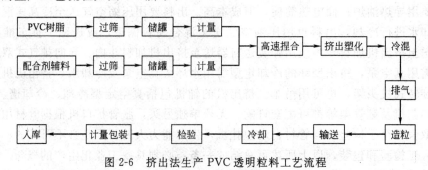

图 2-6　挤出法生产 PVC 透明粒料工艺流程

3. 设计产量、主要设备台数、物料衡算和物料衡算流程图

（1）年工作时间的确定（年工作小时数）　年工作日＝365 天－104 个双休日－7 天固定假日－30 天停工检修－10 天临时故障＝214 天。

机头清理、换过滤网时间为 6 天 1 次，每次 8h。

所以，每年工作小时数＝（214×24）－（214/6）×8

$$＝5136-286$$

$$＝4850（h）$$

年实际生产日＝4850/24＝202（d）

（2）损耗系数的确定　根据塑料手册等资料和有关生产单位的实际生产损耗情况确定，原材料处理和挤出塑化造粒损耗数据如表 2-14 和表 2-15 所示。

表 2-14　原材料处理物料损耗系数一览表

工　序	PVC 树脂		增塑剂输送	粉料计量与输送		备注
	筛选	输送		自然	撒落	
损耗率/%	0.2	0.2	0.1	0.2	0.2	
损耗率小计/%	0.4		0.1	0.4		
总损耗率/%	0.9					

表 2-15　塑化造粒工段物料损耗系数一览表

工　序	高速混合	挤出造粒		粒料输送	备注
		自然	撒落		
损耗率/%	0.1	0.2	0.3	0.2	
损耗率小计/%	0.1	0.5		0.2	
总损耗率/%	0.8				

（3）设计产量计算　经查塑料手册和有关生产单位实际资料，采用 CM80SC 锥形双螺杆挤出机生产线生产的 PVC 透明粒料产品合格率为 99.99%，因为是粒料产品，所以不进行破坏性检验，故产品检验率可按 0 计。

设计日产量＝计划年产量/（合格率－检验率）

$$＝1840000/202×（99.99\%-0）$$

$$＝9108（kg/d）$$

设计年产量＝9108×202

$$＝1839816（kg/a）$$

$$＝1839.816（t/a）$$

（4）设备台数计算　经查塑料设备手册，CM80SC 锥形双螺杆挤出机生产能力为400kg/h。

设备年生产能力＝每小时设备生产能力×全年生产天数×每天小时数

$$＝400×202×24$$

$$＝1939200（kg/a）$$

设备台数＝1839816/1939200

$$＝0.95（台）（取 1 台）$$

（5）物料衡算　按每日物料在各工序中的进出料量情况进行衡算。

进入工序的物料量＝出料量/（1－该工序的损耗率）

日进入风送粒料的物料量＝9108/（1－0.2%）＝9126.25（kg）

日进入挤出造粒的物料量＝9126.25/(1－0.5%)＝9172.11（kg）

日进入高速捏合机的物料量＝9172.11/(1－0.1%)＝9181.29（kg）

日进入原料处理及输送工序的物料量＝9181.29/(1－0.9%)＝9264.67（kg）

PVC透明粒料日生产物料平衡表见表2-16。

表 2-16　PVC透明粒料日生产物料平衡表　　　　　　　单位：kg

工　序	输　入			输　出		
	物料	回收	小计	物料	损失	小计
原料处理输送	9264.67		9264.67	9181.29	83.38	9264.67
高速捏合	9181.29		9181.29	9172.11	9.18	9181.29
挤出造粒	9172.11		9172.11	9126.25	45.86	9172.11
输送料	9126.25		9126.25	9108	18.25	9126.25
成品	9108		9108	9108		9108
日输入和输出物料量	9264.67			9108		

(6) 透明粒料每日物料衡算流程　如图2-7所示。

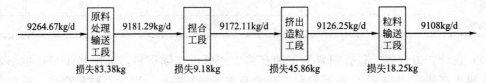

图 2-7　透明粒料每日物料衡算流程

四、能量计算

当工艺方案、生产工艺流程草图（或流程示意图）和物料衡算以及一部分设备计算结束后，即可全面展开能量计算和设备设计与选择。

能量计算的基础是"能量衡算"和"有效能衡算"，前者基于热力学第一定律，后者基于热力学第二定律。国外"有效能分析"得到广泛的研究与应用。实践证明，有效能分析对节能起着极为重要的作用。

能量衡算的基本程序是以物料衡算为基础进行单元设备热负荷计算，然后再作全系统的热平衡计算，分析系统热量利用程度，尽量做到经济合理、节约能源。

1. 单元设备热量计算

根据物料和热量的流向及变化，热量衡算一般可用下式表示。

$$Q_1 + Q_2 + Q_3 = Q_4 + Q_5 + Q_6$$

式中　Q_1——所处理的物料带入设备的热量，kJ；

　　　Q_2——由加热剂（或冷却剂）传给设备和所处理的物料的热量，kJ；

　　　Q_3——过程热效应，kJ；

　　　Q_4——加工产物由设备中带出的热量，kJ；

　　　Q_5——消耗在加热设备各部件上的热量，kJ；

Q_6——设备向四周散失的热量，kJ；

（1）Q_1 和 Q_4 可用下式计算：

$$Q_1（或 Q_4）=GCt$$

式中 G——物料质量，kg；

C——物料的比热容，kJ/(kg·℃)；

t——物料进入（或离开）设备时的温度，℃。

G 的数值根据物料衡算而定。t 的数值由生产工艺操作规程或中间试验数据或由其他搜集得来的资料而定。物料的比热容可从各种手册中找到，在缺乏数据的情况下可根据有关公式计算或实验测定。

（2）Q_2 是由加热剂（或冷却剂）传给设备和所处理的物料的热量，多数情况下为未知数，需要我们利用热量衡算来求出。Q_2 求出后即可确定传热面积的大小，以及加热剂（或冷却剂）的用量。

（3）Q_3 为过程热效应，可分为两类，一类是由于化学反应而放出或吸入的热量，称为化学反应热 Q_p，如聚合热、氧化热、氢化热、中和热等；另一类是由于物理-化学过程引起的，此种热量称为状态热 Q_n，如汽化热、熔融热、结晶热等。于是有：

$$Q_3=Q_p+Q_n$$

化学反应热 Q_p 和状态热 Q_n 的数据可从手册、化工过程及化学计算书籍中找到或者根据有关公式计算求得。

（4）Q_5 是在间歇操作、开车、停车等情况下，按下式计算得到。

$$Q_5=GC(t_{wk}-t_{wh})$$

式中 G——设备各部件质量，kg；

C——设备各部件比热容，kJ/(kg·℃)；

t_{wk}——设备各部件加热后的平均温度，℃；

t_{wh}——设备各部件加热前的平均温度，℃。

设备各部件在加热前的温度，在多数情况下，取为室温，即 $t_{wh}≈20℃$，在加热终了时，t_{wk} 值取加热剂的一侧与被处理的物料一侧器壁两面温度的算术平均值（加热或冷却终了时）。

$$t_{wk}=(t_{wk1}+t_{wk2})/2$$

器壁两面的温度 t_{wk1} 和 t_{wk2} 可根据下列公式求出：

$$t_{wk1}=t_1-K(t_1-t_2)/a_1$$
$$t_{wk2}=t_2+K(t_1-t_2)/a_2$$

式中 t_1——加热剂在设备加热终了时的温度，℃；

t_2——被处理的物料在设备加热终了时的温度，℃；

K——从加热剂到被处理的物料的总传热系数，W/(m²·℃)；

a_1——从较热的介质到器壁的给热系数，W/(m²·℃)；

a_2——从较冷的介质到器壁的给热系数，W/(m²·℃)。

将以上三式综合后，得：

$$t_{wk}=[(t_1+t_2)-K(t_1-t_1)(1/a_1-1/a_2)]/2$$

作为工业上近似计算，上式可简化成以下三种形式。

① 当 a_1 和 a_2 两值接近时（即 $a_1≈a_2$），则：

$$t_{wk} = (t_1 + t_2)/2$$

② 当 $a_1 \gg a_2$，此外器壁本身的热阻又非常小（即 $1/a_1 \approx 0$，$a_2 \approx K$），则：

$$t_{wk} = t_1$$

③ 当 $1/a_2 \approx 0$，$a_1 \approx K$，则

$$t_{wk} = t_2$$

（5）Q_6 为设备向四周散失的热量，可按下式计算。

$$Q_6 = Fa_r(t_{w2} + t_2)t$$

式中　F——设备散热表面积，m^2；

　　a_r——散热表面向周围介质的联合给热系数，$W/(m^2 \cdot ℃)$；

　　t_{w2}——器壁向四周散热的表面温度，℃；

　　t_2——周围介质温度，℃；

　　t——过程持续时间，h。

联合给热系数 a_2 的计算如下。

① 空气作自然对流，当壁面温度为 50～350℃ 时：

$$a_r = 8 + 0.05t_{w2}$$

② 空气沿粗糙壁面作强制对流：

当空气速度 $w \leqslant 5m/s$ 时，$a_r = 5.3 + 3.6w$

当空气速度 $w > 5m/s$ 时，$a_r = 6.7w^{0.78}$

一般来说，工业上 Q_6 可采用估算法，取总热量的 5%～15% 为 Q_6 值。视好坏及其他因素取高值、低值或平均值。若过程为低温，则热量衡算式中 Q_6 为负值，为冷量损失。

应该指出，对于连续操作的设备，只需建立物料平衡和热量平衡，不需要建立时间平衡，这是因为在连续操作中，所有条件都不是时间的函数；但对于间歇操作的设备，则需要建立时间平衡，这是因为在间歇操作中，条件随时间而改变，热量负荷也是随时间而改变的。于是，在进行连续操作的设备热量衡算时，常用 kJ/h 作为计算单位，而在间歇操作时，常用 kJ—一次循环时间为计算单位，然后考虑不均衡系数，从 kJ—一次循环时间，转换为 kJ/h。

最后必须指出，来自各方的数据，其度量衡制度和单位经常不一致，必须小心换算，达到正确计算的目的。

2. 加热剂、冷却剂及其他能量消耗的计算

在塑料加工过程中，传入设备或从设备中带走的热量一般是由加热剂或冷却剂进行传递的。根据热量衡算式求出 Q_2 后，即可求出加热剂或冷却剂的用量。

根据伯努利方程式和其他能量计算式可以求出其他能量的消耗量，例如压缩空气、真空、电能等。下面分别列出。

（1）水蒸气消耗量计算

① 间接蒸汽加热时的蒸汽消耗量计算：

$$D = Q_2/(I - t)$$

式中　D——蒸汽消耗量，kg；

　　Q_2——由加热剂传给所处理的物料和设备的热量，kJ；

　　I——蒸汽的热含量，kJ/kg；

　　t——冷凝水的温度，℃。

② 直接蒸汽加热时的蒸汽消耗量计算：

$$D=Q_2/(I-t_k)$$

式中　t_k——被加热物料的最终温度（物料假定为液体），℃。

（2）燃料消耗量计算

$$B=Q_2/RQ_p$$

式中　B——燃料消耗量，kg；

　　　R——炉灶的热效率；

　　　Q_p——燃料的发热值，kJ/kg。

（3）电能消耗量计算

$$E=Q_2/860R_p$$

式中　R_p——电热装置的电工效率，一般取 0.85～0.95；

　　　860——热功转换系数。

（4）冷却剂消耗量　常用的冷却剂有冷却水、冷冻水和空气。冷却剂消耗量可按下式计算。

$$W=Q_2/[C_0(t_k-t_h)]$$

式中　C_0——冷却剂的比热容，kJ/(kg·℃)；

　　　t_k——放出的冷却剂的平均温度，℃；

　　　t_h——冷却剂的最初温度，℃。

3. 动力消耗综合表

通过热量衡算，加热剂和冷却剂用量的计算再结合设备设计和设备操作时间的安排等工作，就可求出每吨产品的动力消耗定额、每小时最大消耗量以及每昼夜消耗量和年消耗量。汇总每个设备的动力消耗量得出车间总消耗量时，应考虑一定的损耗，建议采用表 2-17 所列系数。能量消耗情况见表 2-18。

表 2-17　几种介质的损耗系数

名　称	蒸　汽	水	压缩空气	真　空	冷　冻
损耗系数	1.25	1.20	1.30	1.30	1.20

表 2-18　能量消耗综合表

序号	名称	规格	单质重	每吨产品消耗定额	每小时最大用量	每昼夜消耗量	年消耗量	备注

五、设备设计与选择

如前所述，从物料计算开始，在整个生产工艺流程设计过程中，总是与设备设计与选择交替进行。设备工艺设计的目的是要决定车间内所有工艺设备的台数（或套数）、形式规格、主要尺寸以及制造厂家价格等。据此，可着手进行车间布置设计，并为下一步施工图设计以及其他非工艺设计项目提供足够的相关条件。

设备工艺设计的内容包括：①定型设备的选择；②非定型设备的工艺计算；③定出有关工艺参数和主要尺寸；④编制设备一览表。

关于塑料加工设备，国内一般来说，主机多数已定型。应根据工厂指定的要求，结合企业的经济条件和其他各种因素来挑选主机的型号、规格、台数以及制造厂家（进口或国产）。

从技术经济综合评价来选择定型主机。至于辅机，国内制造厂家普遍不配套，甚至有的还未生产。在此情况下，就需要组织力量进行设计，如物料的输送加料、混料与着色、模温控制、产品取出、产品专用输送线、模具自动化装卸等各种辅机，特别是使整个生产线机械化、自动化的设计。

有关各种塑料加工所需塑料加工主辅机、机头模具、塑料机械和模具的制造厂家请参阅《塑料手册》等技术资料。

对生产工艺流程中的各种设备进行设计与选型，确定其主要尺寸以及制造厂家后，即可编制设备一览表，见表 2-19。

表 2-19　塑料设备一览表

序号	设备流程号	设备名称	型号规格	配用电机	电热	设备质量		参考价格		制造厂	备注
						单质重	总质重	单价	总价		

六、车间布置

车间布置设计的目的，是对厂房的配置和设备的排列以及非工艺设计的要求作出合理的安排。车间布置设计是车间工艺设计中两大重要设计项目之一。在进行车间布置时，必须兼顾土建、起重运输、电气、仪表、采暖通风与空调、设备安装、生产操作、设备检修、安全卫生以及生活设施等诸方面的要求，使厂房的配置和设备的安排得到合理的布局。

车间布置应适合全厂总图设计，便于全厂生产管理，同时还要留有适当的发展余地，为企业生产发展所用。

车间布置对今后生产的正常进行影响极大，对经济指标，特别是基本建设费用，有着重要的意义。如果其设备设计造型不理想，则仅涉及该设备而已，对整个车间影响不大，然而车间布置设计的好坏，它关系到整个车间的生产。不合适的布置会对整个生产管理造成困难，如对设备的管理和检修带来困难；造成人流、货流的紊乱，多消耗人力物力；增加输送物料所用能量的消耗，使车间动力介质造成不正当的损失；容易发生事故；增加建筑和安装费用等。

因此，车间布置设计要下工夫，花大力气，打破墨守成规的思路，开拓创新，反复全面思考，征求各方面意见，根据生产工艺需要，首先要同土建设计人员研究车间的建筑形式，采用组合型或分散型，确定厂房的结构、层数、层高、柱网间距等。要和非工艺设计人员大力协作，才能做好此项设计工作。

塑料加工厂生产车间一般由下列各部分组成：①各生产工段（包括车间原料、成品仓库及堆置场也要单独分出）；②原料仓库和质量控制室；③配电室、压缩空气及真空泵房；④通风、空调、除尘室；⑤机修间和模具间；⑥办公室和车间休息室；⑦男女厕所和其他。

当进行车间布置设计时，必须考虑下列问题。

① 本车间和其他车间的关系以及总平面图上的位置。

② 车间布置是为生产服务的，必须满足生产工艺要求，首先保证工艺流程顺序为原则，也就是保证工艺流程在水平和垂直两方向的连续性。

③ 车间布置不仅涉及工艺因素，而且和其他非工艺因素有密切关系。因此，在考虑工艺本身的要求外，必须了解其他各专业的要求。

④ 车间经济指标合理，基本建设投资少。

⑤ 有效利用建筑面积和土地。

⑥ 考虑车间今后发展的可能性，考虑厂房扩建问题。

⑦ 考虑车间中劳动保护、安全技术和防火、防爆及防腐蚀措施。

⑧ 建厂的气象、地质、水文等条件。

根据上述考虑的问题，首先决定厂房的整体布置，采用集中式或分离式，之后设计厂房的平面和立面轮廓，最后具体进行设备的排列和布置。

以往，我国受前苏联设计指导思想的影响，工厂厂房都采取分离式，浪费了不少厂房面积和土地，并对生产管理带来诸多不便。近年来，外资企业的进入，走出国门的机会增多，看到西方国家和日本厂房除生产易燃易爆型采用分离式外，整体布置格局都倾向于集中组合式。

自测题

1. 塑料制品厂车间工艺设计主要包括哪些内容？

2. 塑料制品物料计算的依据和物料衡算步骤如何？

3. 某汽车制造厂年产 40 万辆小轿车，其前后保险杠材料采用热塑性弹性体 PP/EPDM。前保险杠重 3kg，后保险杠重 4kg，一套合重 7kg。模具为一模四穴即前后保险杠同时出模，产品合格率为 95%，破坏检验率为 0（只作尺寸检验）。浇口废品占 5%（不合格品和浇口废品还可二次使用），损耗 3%，生产周期 120s。操作班次为每昼夜 3 班，每班 8h。试计算年产 100 万套前后保险杠的物料衡算。

4. 什么是塑料制品生产流程设计？生产工艺流程设计的目的是什么？

5. 塑料制品生产工艺流程设计分为哪几个阶段？生产工艺流程图一般由几部分组成？

6. 塑料加工过程中的能量衡算的基本程序是什么？

7. 塑料加工设备工艺设计的内容包括哪些？

8. 塑料加工厂生产车间一般由几部分组成？当进行塑料车间布置设计时，应考虑哪些问题？

情景三　橡塑制品厂典型车间
工艺设计与布置

【学习指南】　本学习情景包括三个项目，分别是橡塑制品厂典型车间工艺设计与布置、塑料制品厂典型车间工艺设计与布置、废旧橡塑循环利用制品厂典型车间工艺设计与布置。每个项目分别给出了项目导言、学习目标、项目任务、项目验收标准、工作任务等。通过本情景的学习，掌握橡胶制品、塑料制品和废旧橡塑循环利用制品生产工艺设计与布置原则和方法；掌握橡胶制品配炼、轮胎、力车胎、胶管、胶带、胶鞋等典型橡胶制品生产车间工艺设计与布置；深入了解塑料的混合、挤出、注塑等典型生产工艺和生产布置，了解废旧橡塑循环利用的一般知识，熟练了解轮胎翻新、再生胶生产车间工艺设计与工艺布置原则和方法；了解废旧塑料制品回收与再生工艺、熔融型废旧塑料再生技术；通过各典型制品生产方法学习、比较，更深入了解生产工艺和生产布置，为今后从生产技术、生产管理、新产品项目建设和老产品技术改造等方面打下基础。

橡塑制品和废旧橡塑循环利用制品的生产是以车间为单位进行的。有些是在一个车间生产，有的在几个车间生产。所以他们的工艺设计与布置一般以车间为单位。

橡塑制品和废旧橡塑循环利用制品的种类和加工方法繁多，因加工方法和品种不同，生产车间的工艺设计与布置也不同，本学习情景的项目一，即橡胶部分，是根据制品品种介绍其生产车间工艺设计与布置；项目二，即塑料部分，是根据加工方法介绍塑料制品生产车间工艺设计与布置；项目三，即废旧橡塑循环利用制品部分，是根据制品品种介绍其生产车间工艺设计与布置。

项目一　橡胶制品厂典型车间工艺设计与布置

【项目导言】　项目来源于对橡胶制品厂典型车间工艺设计与布置共性分析与总结，学习者可以结合所参观实习的橡胶制品厂情况学习项目的相关内容。

【学习目标】　能运用在橡胶制品厂实践活动中所积累的资料，总结、归纳炼胶车间的工艺设计与布置要点，并能根据计算的相关数据运用 CAD 技术绘出炼胶车间的工艺布置图；能根据轮胎车间的工艺布置要点，绘出轮胎厂平面示意图；掌握炼胶车间、轮胎车间的工艺布置要点；了解力车胎、胶管、胶带、胶鞋等典型橡胶制品生产车间工艺设计与布置要点；通过各项目任务的学习与计算，提高对橡胶制品生产车间的深入认识，即橡胶生产车间不仅包括生产流水线和生产设备，还包括成品半成品存放、车间运输、水电汽配备、采光通风、机修保全、生活设施等，逐步形成"车间系统的概念"，提高在橡胶车间生产操作、生产管理和技术管理工作过程中分析问题和解决问题的素质与能力。

【项目任务】　共分六个项目任务，分别为炼胶车间工艺设计与布置、轮胎车间工艺设计与布置、力车胎车间工艺设计与布置、胶带车间工艺设计与布置、胶管车间工艺设计与布置、胶鞋车间工艺设计与布置。

【项目验收标准】 根据学习者绘制的典型橡胶制品（轮胎或胶鞋、胶带等）配炼车间工艺布置图，采用书面方式检验对配炼车间工艺布置要点掌握情况；结合轮胎外胎、内胎生产车间平面布置图，采用提问方式检验学习者对压延、挤出、成型、硫化车间工艺布置要点的熟练了解情况；结合胶管、胶带、胶鞋等典型橡胶制品车间工艺布置图，采用提问方式检验对工艺布置要点的了解情况。

【工作任务】 分述如下。

一、炼胶车间工艺设计与布置

炼胶车间是橡胶厂的龙头，其他车间的混炼胶均由该车间供应。炼胶车间主要包括原材料加工、生胶塑炼与胶料混炼等工序。

（一）原材料加工

为了保证炼胶质量，方便加工，对不符合加工要求的生胶和配合剂，需要进行补充加工。一般分为生胶加工、配合剂加工、生胶与配合剂称量等。

（1）生胶加工 因生胶品种不同，加工方法也不同。如天然橡胶的烟片胶块一般需先去掉表面杂物，绉片胶需先剪掉捆扎物，标准胶先去掉箱包装物，合成胶应去掉包装材料，然后进行烘胶或直接切胶。

烘胶房温度一般为60～70℃，烘胶时间随各地气温、季节、胶块大小和仓库存放条件的室温不同而异。一般为12～72h。合成橡胶应根据不同胶种制订不同烘胶条件，如丁苯橡胶、顺丁橡胶可以短时间烘胶或不烘胶，而丁基橡胶由于热流性大而不能烘胶。

生胶切块通常选用单刀立式液压切胶机或卧式多刀液压切胶机。前者适用于中、小型橡胶厂，后者适用于大、中型橡胶厂。

（2）配合剂加工 橡胶制品使用的各种配合剂，质量均应符合国家标准。因此化工原材料进厂后一般不需要加工，仅对个别不符合要求的配合剂作补充加工。

在制造内胎胶料、薄膜制品等胶料时，需对所用硫黄粉进行细度加工，一般选用振动筛。凡运输过程中因包装破损有可能混入木屑、碎纸等杂物的部分粉状配合剂要进行筛选加工。可供选择的设备有振动筛、圆鼓筛、炭黑筛和电磁振动筛等。

防老剂D、古马隆、松香、硬脂酸、石蜡等固体配合剂的粉碎加工，可选用翼轮式粉碎机、圆盘式粉碎机和锤式粉碎机等。

松焦油、二线油等液体软化剂，根据质量要求需进行脱水过滤处理。脱水后用齿轮油泵经保温管路送往保温罐储存。重油不需脱水过滤处理，但需要保温。加温后可以通过管路直接送到储油罐，而后通过自动秤或计量泵计量后注入密炼机。

（3）生胶与配合剂称量 一般分为人工称量和自动称量两种方法。人工称量是工人用衡器进行称量，劳动强度大、污染大；自动称量采用自动秤进行称量，能降低劳动强度，改善操作环境，提高自动化程度。目前，炭黑、粉料和油料等已普遍采用自动输送、自动称量、自动投料系统；胶料或一段、二段母炼胶采用皮带秤称量和皮带输送机自动投料，因而明显地提高混炼胶质量和生产效率，并有效地改善工人操作环境和劳动强度。目前对用量小的粉状助剂，一些工厂也已采用集中自动称量的装置。

（二）生胶塑炼

生胶塑炼主要是对天然橡胶而言。因为各种常用的合成橡胶或低黏度和恒黏度标准天然橡胶、充油天然橡胶等，已具有一定的塑性，一般不再进行塑炼，可以直接用于胶料混炼。氯丁胶、丁腈胶及一些特种胶，在可塑性要求高时也要进行塑炼。生胶塑炼有以下几种方法。

（1）密炼机塑炼　具有质量好、生产效率高、操作安全、劳动强度低、易于实现自动化等优点。由于密炼机可用于生胶塑炼和胶料混炼，因而设备机动灵活性大，在工程设计中已普遍采用，尤其适用于大批量胶料的塑炼。可供选用的设备有 XM 系列和 GK 系列等各种型号的密炼机。

（2）开炼机塑炼　特点是塑炼温度低，质量均匀，但工人劳动强度大，生产效率低。所以这种方法仅适用于小批量胶料和特种胶的塑炼。可供选用的各种设备有 XK 系列开炼机。

（3）螺杆塑炼机塑炼　具有节省投资、占地面积小、生产能力大等优点，但在使用中有排胶温度偏高、不易控制、生胶可塑性不均匀，以及只能用于天然橡胶、胶品种单一、可塑性要求较低等缺点，目前在国内只有少数工厂使用。

（三）胶料混炼

混炼是将各种配合剂均匀分散在生胶中的过程，其对胶料影响较大。混炼按设备可分为开炼机混炼、密炼机混炼和螺杆机混炼。

（1）开炼机混炼　开炼机混炼与塑炼相似。但开炼机混炼改变品种容易。因而一般多采用特种胶料混炼和用量少、胶种变化多的胶料混炼。

（2）密炼机混炼　胶料混炼现在普遍采用密炼机混炼。采用密炼机混炼可克服劳动环境恶劣、操作不安全、生产效率低、混炼胶质量差等缺点。同时有利于提高自动化、机械化、联动化水平。密炼机混炼有一段、两段或多段混炼方法。

① 一段混炼法　一般合成橡胶和配合剂用量少的胶料多使用此法。按照工艺规程的加料顺序，将塑炼胶、合成橡胶和各种配合剂投入密炼机，混炼均匀后排至压片机加促进剂、硫黄。小型橡胶厂可选用 XM 系列的 50L、75L、80L 或翻转式密炼机；压片机可分别配备 400 型或 550 型开炼机。大、中型橡胶厂可选用 XM 系列和 GK 系列中的大、中型规格密炼机；压片机分别配备 660 型开炼机或挤出压片机。当密炼机用于一段法混炼时，应根据工艺生产方法的需要，选用压片机的台数。如压片机选用两台，一般按串联布置。先在第一台压片机上进行胶料降温，再用输送带将胶料送至第二台压片机上加促进剂和硫黄。

现在国内新建炼胶车间已普遍采用自动输送和自动称量、自动投料系统。如油料可以通过管道输送、自动称量后注入密炼机；炭黑和粉料可以通过气力输送，自动称量后加入密炼机。因而显著提高了混炼胶质量、自动化水平和生产效率，并改善了工人操作环境。

② 两段或多段混炼法　合成橡胶使用比例大、补强填充剂用量多、对胶料质量要求严格时，采用两段或多段混炼方法。第一段混炼主要将塑炼胶、合成橡胶和大量填料在密炼机内制成母炼胶；第二段混炼是将第一段完成的混炼胶片再投入密炼机，并加入促进剂和硫黄进行终炼。对特别难混的胶料，通过第一、二段制成母炼胶，第三段为终炼。对第一段或第二段或第三段混炼好的母炼胶或终炼胶，都需要经过冷却、停放。两段或多段混炼方法能有效地改善合成橡胶用量大、炭黑等用量多、胶料难分散的状况，并能提高混炼质量。但加工时要控制胶料温度，防止焦烧。终炼用的促进剂和硫黄，或采用手工称量投入密炼机，或采用小型称量装置称好后装入塑料袋，投入密炼机混炼。

（3）螺杆机混炼　也称连续混炼法。是连续加入生胶和配合剂的混炼。因而这种方法连续化较好，易实现自动化。但也有质量较差等缺点。因而目前使用较少。连续混炼采用设备有螺杆式连续混炼机、转子式连续混炼机、传递式连续混炼机、挡板连续混炼机等，但目前国内还没有定型螺杆式连续混炼设备。

另外，混炼还可按加料顺序分为一般加料法、逆混法和引料法等。一般加料法是按正常的加料顺序投料；逆混法是先将大料加入再投入生胶进行的混炼，这样可增加炭黑等大料分散均匀性，同时还能使混炼容易，但要求设备密封性好；引料法是先将少量胶料投入，再按常规加料法投料。后两种方法较少用，主要用于特殊场合。

（四）胶料冷却

塑炼胶或混炼胶经压片机或挤出压片机出片后，喷涂或浸渍皂液隔离剂，进行冷却和停放。目前可供选用的胶片冷却装置有两种：挂架式胶片冷却装置和小型简易挂架式胶片冷却装置。前者有两种形式：落地式和架空式。架空式可充分利用空间，有利于车间胶料存放和车辆通行。

由于刚出片的塑炼胶和混炼后的胶料温度较高，如不冷却易产生焦烧现象，因而一般均需进行冷却，冷却前为防止存放时相互黏合，要通过隔离液。隔离剂经循环使用后，温度升高，需采取冷却降温措施。一般在皂液槽内设有冷却装置。对喷淋后的皂液，均配备回收装置。

塑炼胶和混炼胶的停放时间，主要依据上下工序开动的班次、胶料冷却程度、快速检验周期等因素确定。停放时间一般为 4～24h，下限 4h 为工艺快速检验和质量所要求，上限 24h 为上下工序之间生产调度所需的储备量。一般胶料存放时间不宜过长，否则胶料易出现喷霜或自硫，影响产品质量。

（五）滤胶

对某些质量要求较高的制品必须除去胶料中的杂质，特别是薄壁制品或气密性要求高的制品一般都要求滤胶，如汽车内胎和胶管内层胶等所用的胶料需要过滤，以除去胶料中的杂质。目前，滤胶机有两种布置方式：一是滤胶机布置在密炼机组压片机附近；二是布置在半成品挤出机附近。前者是将压片机下片的胶条，送滤胶机过滤并称量后，立即返回压片机按配方加促进剂和硫黄，混炼均匀后经压片机下片、冷却、停放备用。后者是将需要过滤的胶料，先经压片机下片、冷却、停放后，送至用料车间（如内胎车间）的滤胶机进行过滤，过滤后的胶料在开炼机加促进剂、硫黄，然后直接供挤出机使用。上述两种方法一般适用于天然橡胶为主的胶料配方。如果采用丁基橡胶配方，一般则采取先加促进剂、硫黄，随后滤胶，直接供挤出机使用。目前可供选用的滤胶机有 XJ 系列和 XJL 系列的各种规格。

（六）胶料快速检验

为了及时检验塑炼胶和混炼胶的可塑度和炭黑等各种配合剂的分散均匀性，在炼胶车间需专门设置快速检验站，以便取样和解决问题。对塑炼胶一般只测可塑度或门尼黏度，对混炼胶一般要求测硬度、可塑度和密度，通常配备的快速检验设备和仪器有可塑性试片切片机、电热式可塑性试验机、小型平板硫化机、邵氏硬度计、密度计、门尼黏度仪等。随着科学技术的发展和胶料连续炼胶的要求，目前在快检中推广流变仪和硫化仪来测量胶料的工艺性能和硫化性能，有时也采用强力机抽查胶料物理机械性能。

（七）胶料的运输和控制

混炼和塑炼好的胶料一般经压片、冷却后裁断、叠放在存放架上，用夹持运输带进行车间内的运输。小厂采用电瓶车或者叉车运输。

塑炼和混炼过程的控制，对炼胶质量有较大的影响。炼胶控制的采用方法有时间、温度、功率控制法，前两者方法受其他因素影响较大，炼胶质量波动性较大，后一者方法是根据炼胶所消耗的能量进行控制，质量较准确。目前，新建的一些橡胶厂实现了自动投料、自动称量、自动控制的现代化操作。即胶料用皮带运输机运输和投料，炭黑等大料、油料全部采用密封运输、称量和投料，对炼胶时产生的气味进行吸收和净化处理，设置了噪声吸收装置等。整个混炼过程采用计算机集中控制，使配炼车间环境优美、布置合理，实现了文明生产。

轮胎、力车胎、胶带、胶管行业普遍采用大容量高速密炼机及自动称量、自动控制系统。胶鞋、橡胶杂件等其他橡胶制品行业除特种胶料以外，也采用了小型密炼机进行塑炼、混炼生产。

（八）炼胶车间工艺布置要点

配炼车间是橡胶厂的主要生产车间，在车间内安装有密炼机、开炼机等大型设备，也是橡胶电力消耗中心部位，因而配炼车间布置应围绕设备类型、规格及安装方法进行布置。其车间布置要点如下。

① 在厂区地形和面积允许的条件下，炼胶车间宜与其他生产车间布置在一个大厂房内，位置应布置在原材料仓库和压延、挤出车间之间，使物料流程合理。也可以单独布置，位置应尽可能靠近生胶、炭黑等主要原材料仓库和使用胶料多的压延、挤出车间。炭黑仓库和炼胶车间都应布置在厂区的下风向。

② 炼胶设备一般为重型设备，设备基础较大，厂房需要多层建筑，梁、板荷载较大，所以在工艺布置时，应注意到厂区的地质条件。

③ 炼胶车间使用的化工原材料较多，在建筑设计上应按照防火规范要求采取防火措施。原材料加工与液体软化剂脱水，最好布置在邻近的原材料仓库内。

④ 炼胶车间地面要求坚固耐用、光滑，以便于冲洗。为此，采用水磨石地面为宜。因地面经常用水冲洗，所以需考虑排水设施。厂房内的墙柱表面均应抹面以免积尘。并应采用油漆或瓷砖的墙裙。

⑤ 炼胶车间冬季室温不应低于18℃。车间内要有较好的自然采光和通风条件，但也应防止阳光直接照射到各种化工原材料和胶料上。密炼机加料口应设除尘装置，压片机、挤出压片机和胶片冷却装置上方均应设置排烟或排风装置。

⑥ 烘胶和切胶最好布置在生胶仓库内邻近炼胶车间的一端，以缩短运输距离，便于机械化运输。合成橡胶切块用的单刀切胶机，可布置在炼胶车间二层密炼机皮带秤附近，便于切块称量。

⑦ 皂液制造及冷却循环系统可布置在炼胶机附近，以便于皂液冷却和回流。

⑧ 开炼机布置在平房内，但要注意将塑炼、混炼分开布置。

⑨ 密炼机的布置方法，多采用立体安装布置形式，用大、中型密炼机的厂房多采用四层楼房，一般密炼机布置在单独平台上，二层楼面为密炼机的操作位置，设胶料皮带秤和投料输送带。在三层装设自动秤和启动投料装置。在四层装设粉料、炭黑和油料储斗。各种炭黑和油料都是通过自动输送系统送入储斗。密炼机平台下面布置挤出压片机或压片机，并相连布置胶片冷却装置。这种布置方法便于整个炼胶过程联动化，有利于降低工人劳动强度，改善操作环境，提高自动化水平和生产效率。

小型密炼机、翻转式密炼机也可采用平装方式，密炼机和压片机均布置在一层。密炼机排出的胶料通过输送带运至压片机。

⑩ 密炼机多层厂房的跨度，应根据选用的密炼机型号和规格确定。安装小型密炼机（容量 50L 左右）或翻转式密炼机，需要 6m 或 9m 跨度；安装 XM 系列 75L 或 80L 密炼机，需 3 个 7.5m 或 8m 的跨度；安装 XM-160 型或 GK-190 型密炼机，则需 3～4 个 9m 的跨度；安装 XM-270 型或 GK-276 型密炼机时，至少需要 4 个 9m 的跨度。厂房柱距一般均采用 6m，每两个 6m 柱距间安装一台密炼机。其布置方法见图 3-1 至图 3-3。密炼机厂房各层层高主要取决于所选用的密炼机规格和型号，通常情况可参阅表 3-1。

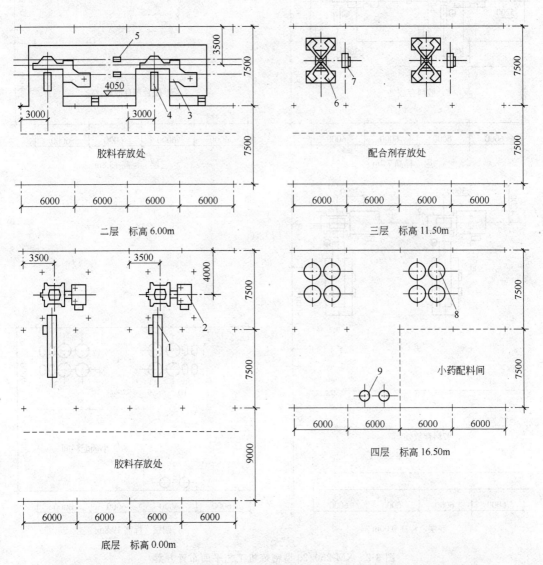

图 3-1 XM-75/35×70 型密炼机工艺平面布置方案

1—胶片冷却装置；2—φ550mm 压片机；3—XM-75/35×70 密炼机；4—皮带秤；
5—5 吨手动葫芦（检修吊车）；6—炭黑秤；7—油料秤；8—炭黑储斗；9—油料保温罐

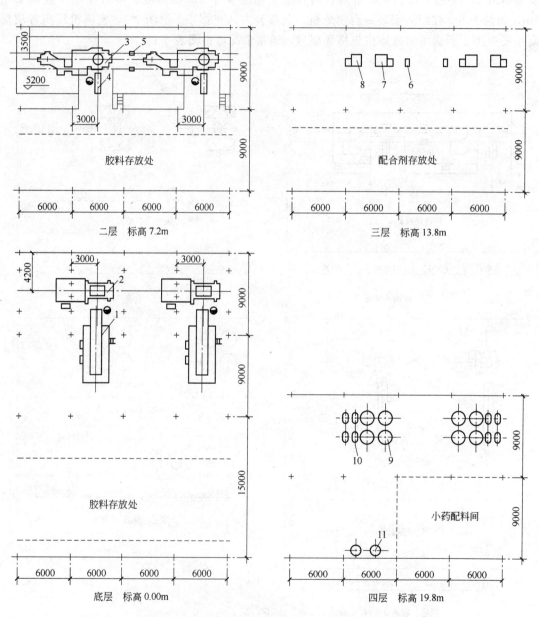

二层　标高 7.2m

三层　标高 13.8m

底层　标高 0.00m

四层　标高 19.8m

图 3-2　XM-250/20 型密炼机工艺平面布置方案

1—胶片冷却装置；2—φ650mm 压片机；3—XM-250/20 密炼机；4—皮带秤；

5—5 吨手动葫芦（检修吊车）；6—定量油泵；7—炭黑秤；8—粉料秤；

9—炭黑储斗；10—粉料储斗；11—油料保温罐

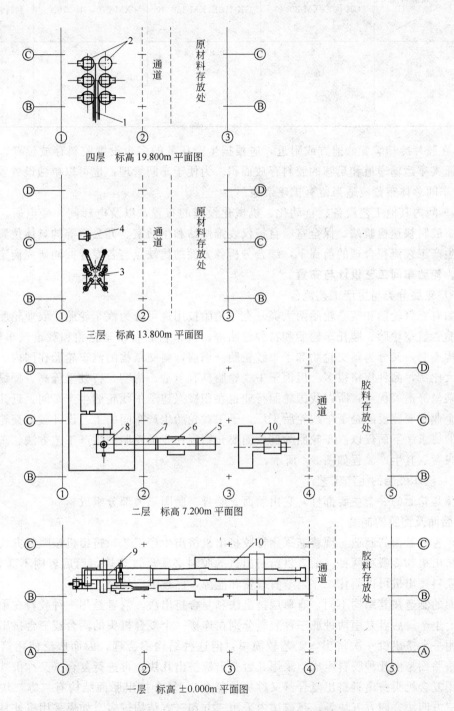

四层　标高 19.800m 平面图

三层　标高 13.800m 平面图

二层　标高 7.200m 平面图

一层　标高 ±0.000m 平面图

图 3-3　GK-270 密炼机组工艺平面布置方案

1—炭黑气力输送管道；2—炭黑、粉料储斗；3—炭黑、粉料自动秤；4—油料自动秤；5—胶片导开装置；
6—皮带秤；7—加料皮带机；8—GK-270 密炼机；9—挤出压片机；10—胶片冷却装置

表 3-1　密炼机厂房层高　　　　　　　　　　　　　　　　　　单位：m

层数 ＼ 密炼机型号	GK-90E,XM-80/40	GK-190E,XM-160/30	XM-270,GK-270N	翻转式密炼机
一层	6.6	6.9~7.2	7.2	6
二层	6	6	6.6	—
三层	5	6	6	—
四层	5	6	6	—

⑪ 在胶片冷却装置的前方或附近，应根据生产任务的多少设置胶料存放位置。车间应留有电瓶叉车运输通道和足够的胶料存放面积。为便于车间管理，也可以单独设置胶料库。

⑫ 车间总体布置应适当留有扩建余地。

⑬ 车间内其他工艺设备、自动化、机械化设施的布置，以及电梯间、变电所、排烟除尘装置、胶料快速检验站、保全室、自控仪表维修站和生活室、办公室等的具体位置，均应在保证生产工艺流程合理的前提下，综合分析各方面的优缺点与各专业共同研究商定。

二、轮胎车间工艺设计与布置

（一）轮胎分类与生产工艺流程

轮胎有充气轮胎和实心轮胎两大类。充气轮胎按用途可分为汽车轮胎、农业轮胎、工程机械轮胎、航空轮胎、摩托车轮胎和特种轮胎等。汽车轮胎有轿车轮胎和载重汽车轮胎等。按其结构不同，又分为斜交轮胎和子午线轮胎。当前，斜交结构的汽车轮胎在国内的市场上仍占很大比例，品种规格很多。但因子午线轮胎具有节油、耐磨、行驶里程高、操纵稳定性能好和乘坐舒适等优点，所以我国轮胎行业也在积极兴建子午线轮胎生产车间。近几年，一些外资企业主要建设的是子午线轮胎工厂，子午线轮胎生产车间的工艺设计较斜交轮胎提出了更高的要求。下面仅以汽车轮胎为例，简要介绍现在我国轮胎的生产工艺方法、车间工艺设计和布置。其生产流程如图 3-4 所示。

（二）汽车外胎的生产工艺

外胎是轮胎的一个主要部件，它由胎面、胎身、胎圈三大部分组成。

1. 胎面及型胶的制造

（1）各种胎面的制造　现普遍采用橡胶挤出机挤出生产工艺。挤出机按喂料方式可分为热喂料挤出机和冷喂料两种。前者供给挤出机的胶料必须经过热炼，而后者则不需要热炼，因而冷喂料挤出机可以简化工序，节省投资和能源，已被推广使用。

胎面的制造按其结构不同，有单层挤出法和复合挤出法。前者是用一种胶料在单台螺杆挤出机上生产；后者是用两种或三种胶料分别在连接一个复合机头的两台或三台挤出机上生产。采用一台挤出机一次挤出，工艺较简单，但这种结构不合理，因而广泛使用第二种方法，此法胎面是由几种胶料组成，采用几台挤出机挤出几块，再进行复合（又称机外复合），或者采用复合机头挤出机挤出复合（又称机内复合）。复合挤出胎面结构有二方二块、二方三块、三方四块、四方五块等，目前国内采用二方和三方结构较多。如果采用机外复合，需采用两台挤出机，缓冲胶片可在胎面挤出联动线贴合在胎面上。目前新上马的轮胎企业和老的重点轮胎企业基本全采用机内复合，实现了三方四块、四方五块结构。

随着轮胎生产工艺发展和挤出技术的进步，已逐步采用销钉式冷喂料挤出机，其挤出联

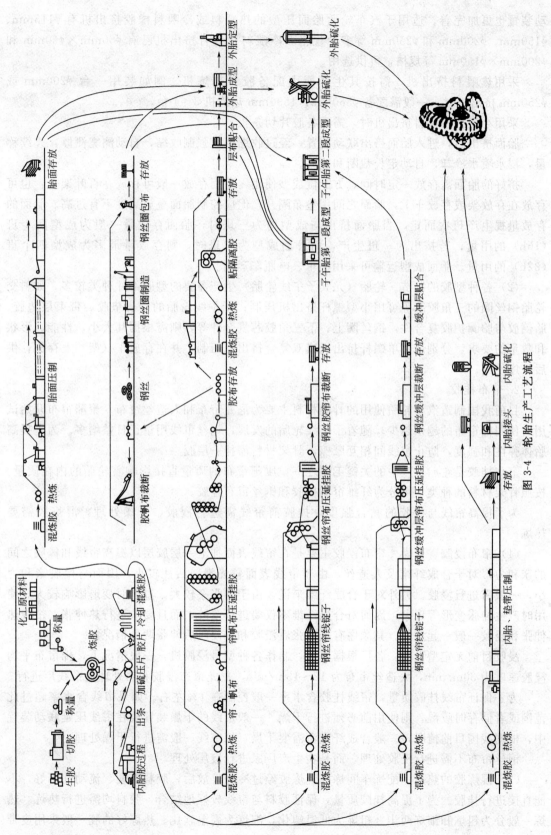

图 3-4　轮胎生产工艺流程

动装置也更加完善。适用于汽车轮胎胎面压型的热喂料或冷喂料橡胶挤出机有 $\phi115mm$、$\phi150mm$、$\phi200mm$ 和 $\phi250mm$ 等多种规格。冷喂料双复合挤出机已有 $\phi60mm\times\phi60mm$ 和 $\phi200mm\times\phi150mm$ 等规格,可供选用。

采用热喂料挤出机,需按其生产能力配备胶料热炼机。例如装用一台 $\phi200mm$ 或 $\phi250mm$ 挤出机时,一般需配备 $\phi560mm\times1530mm$ 热炼机 3~4 台。

采用小规格冷喂料挤出机时,需配备胶片切条机。

胎面挤出后,进入胎面挤出联动装置,经过收缩辊道强制收缩,自动测宽测厚,连续称量,浸水喷水冷却,自动定长裁断和检验。

挤好的胎面需存放一定时间,方能供成型使用,胎面存放一般可存放在百叶架上,也可存放在存放架或存放车上,胎面之间用垫布隔开,但应控制胎面叠放高度不宜过高。胎面的存放量视生产班次而定。当胎面挤出与成型均为三班时,胎面存放量一般为成型两个班(16h)的用量;若挤出为一班生产,而外胎成型为三班时,则存放量最多为成型四个班(32h)的用量。胎面成型运输可采用小车、电瓶车运输。

(2) 各种型胶的制造 轮胎(尤其子午线轮胎)生产需要的型胶部件种类较多。如斜交轮胎钢丝圈的三角胶芯等可用小型螺杆挤出机压制;子午线轮胎的胎肩垫胶、带束层垫胶、胎侧胶与胎圈护胶复合件,钢丝圈上、下三角胶芯复合件等,则需根据其大小、性能、形状和数量的要求,分别选用单螺杆挤出机或双复合挤出机压制。并在存放车(架)上存放,供后工序使用。

2. 帘布挂胶

目前我国制造汽车轮胎使用的骨架材料主要为尼龙帘布和人造丝帘布。聚酯帘布开始试用,使用棉帘布的越来越少。随着子午线轮胎的发展,钢丝帘线用量正日益增多。为了提高胎体弹性和强度,防止帘线间相互摩擦,骨架材料需挂一层胶。

帘布挂胶是轮胎生产中的关键工序之一,压延帘布的质量直接影响着轮胎的内在质量。按照骨架材料的种类,可分为纤维帘布挂胶和钢丝帘布挂胶。

为了提高帘线与橡胶的黏合强度,挂胶前帘线需进行浸胶、干燥处理,混炼胶需要热炼。

(1) 帘布浸胶、干燥 帘布浸胶主要是在帘线表面挂上一层胶层以提高帘线和橡胶之间的亲和力,对于合成纤维及人造丝,由于帘线表面较光滑,活性较小,因而与橡胶亲和力小,一般需进行浸胶。另外对于合成纤维来说,由于伸张率较大、温度对变形影响较大、使用时产生伸张变形等现象,因而对合成纤维不仅要进行浸胶,而且要求进行热伸张。帘线热伸张和浸胶一般一起进行。其顺序有先伸张后浸胶和先浸胶后伸张两种情况。

浸胶目前无定型设备,各厂根据要求,制作各种型号浸胶机,一般情况下,棉帘布平均浸胶速度为 30m/min,人造丝帘布为 12~13m/min。尼龙帘布浸胶和热处理在帘线厂进行。

为了保证帘线挂胶质量,帘线挂胶含水率一般控制在 1% 左右。如果帘线含水率超过此范围或者储存时吸湿,则使用前必须进行干燥。一般帘线的干燥装置放在帘线压延联动装置中,根据我国目前情况,一般合成纤维不需要干燥,棉帘线一般需进行干燥处理。

钢丝帘布不需进行浸胶处理,而是在生产厂家进行镀层处理。

(2) 混炼胶的热炼 配炼车间炼好混炼胶经过冷却停放后,胶料变硬、流动性不好,不能直接进行挂胶。为了提高挂胶质量,保证胶料与帘线较好地结合,胶料均需进行热炼。热炼一般分为粗炼和细炼两步。粗炼为低温塑化,细炼为高温软化。热炼好的胶一般采用皮带运输机运输和喂料。目前，混炼胶的热炼设备有开放式热炼机和冷喂料挤出机两种，配备热炼供胶机的规格和台数，可根据压延机的用胶量和供胶机的生产能力，通过计算进行选定。

（3）纤维帘布挂胶 帘帆布的挂胶一般采用压延机来进行，按压延机辊筒数可分为二辊压延机、三辊压延机、四辊压延机等。纤维帘布挂胶通常使用四辊压延机及其联动装置，采用两面同时贴胶的生产工艺效率比较高，质量也比较好。四辊压延机按辊筒排列可分为Ⅰ形、Γ形、S形、Z形等，生产中一般选用Γ形 $\phi610mm\times1730mm$ 四辊压延机居多，产量大时也可选用S形 $\phi700mm\times1800mm$ 四辊压延机。压延机的辊筒选用有中高率、轴交叉、预负荷装置和自动测厚调厚装置、周向钻孔冷却的，并在联动装置上配备定中心装置和张力装置，以保持帘布挂胶厚度均匀一致，显著提高压延精度和产品质量，节约原材料，取得更好的经济效益。

小型轮胎厂由于生产能力小，一般采用三轮压延机进行两面两次压延。压延方法按挂胶方法不同，可分为擦胶（薄擦和厚擦）、压力贴胶、贴胶。其主要区别是辊筒速比不相同及有无积胶。压延方法选择应根据帘线的种类、规格及工艺要求而定。

压延后的帘布由于温度较高，需要进行冷却。帘布的冷却装置及卷取装置均在压延机联动装置中。

（4）钢丝帘布挂胶 子午线轮胎钢丝帘布的挂胶方法，主要有压延法和挤出法两种。

压延法分冷贴法和热贴法。冷贴法是在两辊压延机上进行，设备比较简单，投资少，且能加大贴胶压力，但工序比较复杂；热贴法是在四辊钢丝帘布压延机组上进行，工序简单，生产效率高，国内已普遍采用。其压延机组的型号可按照生产规模的需要选用。

挤出法生产工艺的主要设备是钢丝帘布挤出覆胶联动生产线。包括钢丝帘线锭子架、冷喂料挤出机、冷却鼓、自动裁断和接头装置、X射线检验机以及自动包边和卷取等全套设备。与压延法相比，省去了热炼、供胶机和钢丝帘布裁断机，生产工序简单，节省设备投资，占地面积和人员配备都比较少，覆胶质量好，一般适用于小规格轮胎钢丝带束层的压制。

（5）大卷胶布存放 挂胶后的各种大卷胶布一般平放在存放架上。存放架有单层的和多层的。存放时间和存放量则按工艺要求和生产周转量的需要决定。例如，当压延、裁断和成型三个工段都是每日三班连续生产时，其存放量一般为成型两班（即16h）的用量；若压延工段仅一班生产，裁断和成型为三班生产时，其存放量则为成型三班（即24h）的用量。

生产过程中的各种半成品，如存放时间过长，存放量过多，不仅影响产品质量，占用过多的存放器具和存放面积，而且影响生产资金的周转。因此，应按照工艺要求和周转量的要求，适量为宜。

3. 胶布裁断

（1）纤维胶布裁断 广泛采用立式裁断机和卧式裁断机。立式裁断机多用于各种较窄布条裁断，卧式裁断机则适用于胎身帘布裁断。以往采用的卧式裁断机，因裁断精度低，劳动强度大，所以近几年各厂在技术改造中已用新型的高台式自动裁断机更新。其裁断宽度的精度可达 $\pm1mm$，裁断角度的精度可达 $\pm0.5°$。这不仅可提高胶布裁断质量，而且还降低了裁断工艺损耗，节约了原材料，进一步取得好的经济效益。

（2）钢丝胶布裁断 采用压延法挂胶的大卷钢丝胶布，需要进行裁断，通常采用的钢丝帘布裁断机有侧刀型和圆盘刀加矩形刀两种。胎身钢丝胶布裁断选用 $90°$ 钢丝帘布裁断机组，带束层钢丝胶布裁断选用 $15°\sim30°$ 钢丝帘布斜裁机组。

（3）各种胶布条及胶条裁断　由压延机压好的大卷胶布和大卷胶片，按照工艺要求分别采用立式裁断机、纵向裁断机和多刀裁断机进行裁断。裁成胶布条和胶条，卷成小卷，放在存放车（架）上，以供下道工序使用。

（4）大垫布的使用和整理　各种帘、帆布挂胶裁断后，要用大垫布隔开，以防粘连。卷取用的大垫布，现普遍采用丙纶垫布。其中钢丝帘布覆胶后，在进入冷却辊前先在两面贴上压有花纹的聚乙烯塑料垫布，随后卷取。

从裁断工段返回的各种大垫布和成型工段返回的小垫布，在一次使用以后表面不整洁，可能有配合剂及其他杂质吸在上面。为了保证胶布质量。从裁断工序返回的大垫布、成型返回的小垫布需进行处理以供再用，垫布的整理采用垫布整理机进行。整理后的大垫布、小垫布，再供压延、裁断工段重复使用。

4. 贴隔离胶及各种胶片的压制

胎身胶布贴隔离胶和各种胶片的压制，可在同一台压延机上进行，一般采用 $\phi360mm\times1120mm$ 或 $\phi450mm\times1200mm$ 三辊压延机及其联动装置，并配备相应的胶料热炼机台。裁断好的各种胶布小卷和贴好隔离胶的各种胶布小卷，以及各种胶片的小卷，均放在小卷存放车（架）上，供胶布贴合等下道工序使用。

5. 油皮胶及气密层胶片的压制

（1）油皮胶的压制　有内胎的轮胎，均在胎里胶帘布上贴一层油皮胶，以避免轮胎硫化过程中胶囊或水胎中的硫化剂向胎体帘布层迁移，并保护胎体帘线在制造过程中不错位、不受损伤和成品外胎在使用中不受潮气浸蚀、内胎不受帘布层粗糙面的磨损。贴油皮胶可与贴隔离胶共用一台 $\phi360mm\times1120mm$ 或 $\phi450mm\times1200mm$ 三辊压延机。

（2）气密层的压制　制造无内胎的轮胎（尤其是无内胎的子午线轮胎）时，都会在胎里加贴气密层，一方面起油皮胶的作用，同时也是为了提高外胎的气密性。

气密层一般由两种或两种以上不同胶料、不同厚度的胶片复合而成。目前比较先进的压制方法有两种：一是采用四辊压延联动生产线生产；二是采用挤出压延联动生产线生产。其主要设备是一台带辊筒机头的冷喂料挤出机和一台压延机及联动装置，该压延机的上辊配有多个可以更换的外套，每个外套辊面都按照所需胶片的表面形状制成，套至辊筒上即构成成型辊。生产时先压第一层有型胶片，卷存在生产线的卷轴上，随即导开与相继压好的第二层有型胶片贴合在一起，经过冷却、衬入塑料薄膜垫布进行卷取，然后放到存放车（架）上，供成型使用。

6. 钢丝圈的制造

（1）子午线轮胎所用钢丝圈的制造　目前，国内制造半钢丝轻载、乘用子午线轮胎一般采用方形断面钢丝圈；制造全钢丝载重子午线轮胎则多采用六角形断面钢丝圈，其专用设备为六角形钢丝圈缠绕机组，可制造平底和斜底六角形钢丝圈，既适用于有内胎子午线轮胎，也适用于无内胎子午线轮胎。

（2）斜交轮胎所用钢丝圈的制造　斜交轮胎一般使用方形断面钢丝圈，其生产工序包括钢丝覆胶卷成、三角胶芯压制和钢丝圈包布等。分别用钢丝圈挤出联动装置、三角胶芯挤出机和钢丝圈包布机等专用设备生产。其设备型号需按所用钢丝圈的规格选择，规格一般为XJ-65。

加工好的钢丝圈，存放在车（架）上，供外胎成型使用。

7. 外胎成型

外胎成型是将各半成品部件组合成具有成品轮胎形状的半成品胎坯过程。成型是轮胎生产中要求比较干净的工序，操作要求也很严格，斜交胎成型与子午线轮胎的成型有所不同。

（1）子午线轮胎的成型　子午线轮胎的使用性能要求高，因此其成型工序不仅要严格控制工艺条件，而且要配备与生产软件技术相适应的性能先进的成型设备。子午线轮胎通常采用的成型方法有两段法成型和一次法成型。

① 两段法成型　其工艺特点是将轮胎的成型过程分解为两段，分别在两台成型机上完成。目前，在国内半钢丝轻载和乘用子午线轮胎的成型，多采用这种两段法成型工艺。

② 一次法成型　一次法成型是在两段法成型工艺的基础上发展起来的。其特点是在一台成型机上完成整个成型过程，扣完胎圈后的胎体及胎圈部位就不再移动了，从而避免了钢丝圈及胎体帘线在成型过程中形状、密度和角度的改变。这对于保证只有一层钢丝帘布的全钢丝载重子午线轮胎的成型质量是极其重要的。当前国内凡是全钢丝载重子午线轮胎生产线，多数采用这种一次法成型工艺，选用一次法成型机。但它的结构比较复杂，利用计算机控制，对操作工人素质要求较高，设备投资也比较大。

（2）斜交轮胎的成型　斜交轮胎的成型方法有层贴法和套筒法两种，现在国内主要还是采用套筒法。套筒成型法包括层布贴合与外胎成型两个工序。

① 层布筒贴合　套筒法成型所用的帘布筒，用层布贴合机贴合。层布贴合机的规格，可根据层布筒的宽度和周长选用。

层布贴合机的供布装置，目前还多选用供布架。但这几年研制的三工位（可放 8 种规格尼龙帘布小卷）的链条式储存供布装置可靠、实用，省去了小卷的二次搬运，减轻了劳动强度，压缩了存放面积，并能保证小卷帘布按顺序先裁先用，这对提高层布贴合及轮胎成型质量十分有利。

② 外胎成型　载重轮胎采用套筒法成型，一般选用半芯轮式压辊包边成型机。这几年对该机又做了改进，如改为机械折叠机头、改进了压辊机构等，进一步提高了成型质量，降低了设备维修费用。

轻载、乘用轮胎一般仍选用半鼓式成型机。

成型机的型号较多，可按照所生产轮胎的规格不同，分别选用。

（3）胎坯喷涂隔离剂和烘胎存放　成型好的胎坯送入烘胎房或胎坯存放区后，首先喷涂隔离剂，专用设备有自动喷涂机。斜交轮胎胎坯一般可平放在清洁的水磨石地面上存放。烘胎房的室温一般应保持在 30℃ 左右；子午线轮胎胎坯需平放在存放盘内存放，轻型胎坯则挂在装有半圆形肩托的车（架）上存放。存放区的温度应与成型工段保持一致。烘胎存放的时间根据生产工艺需要决定。其存放量需满足硫化工段三班连续生产的需要。

8. 外胎硫化

外胎硫化是外胎制造的最后一道工序，是将胎坯在一定温度、压力下，经过一定时间完成成品轮胎的过程。外胎硫化是一个复杂的化学变化过程。硫化方法按硫化设备可分为硫化罐、硫化机、硫化机组三种方法；按轮胎类别分为斜交轮胎的硫化和子午线轮胎的硫化。

（1）子午线轮胎的硫化　子午线轮胎胎坯从胎坯存放处运至硫化机前，放在存胎器上，等待硫化。当前，各厂都尽量选用国产的上述各种规格的定型硫化机。并根据产品质量要求，装配活络模型。国产的活络模型已批量生产，并基本上已形成系列，可供选用。

（2）斜交轮胎的硫化　斜交轮胎胎坯从烘胎房运至硫化工段后，首先应经过胎坯扎孔机扎孔，以便硫化时排出胎体内残存的气体，提高轮胎硫化质量。国内以往普遍使用立式水压硫化罐。现在，各厂通过技术改造多数已新建了硫化机车间。尼龙轮胎已基本上实现"以机代罐"的生产工艺和设备更新。国产的轮胎双模定型硫化机有 36in（1in ＝ 0.0254m）、40.5in、42in、46in、55in 和 63.5in 等各种规格。

（3）生产线上的成品检验　斜交轮胎硫化后，须逐条经过修剪机修边和外观质量检验，合格的随即分类入库。子午线轮胎硫化后，除需经过修边和外观质量检验外，还须对内在质量进行严格的检验。钢丝载重子午线轮胎必须逐条通过 X 射线检验，并对其不圆度和静平衡性进行抽检。轿车和轻载子午线轮胎必须逐条通过均匀性及静平衡性检验，以及 X 射线抽查，检验合格后，随即分类入库。子午线轮胎如有质量缺陷，则送往修补线上修理合格后，方可分类入库。子午线轮胎成品检验工段的主要设备有扩胎检验机、轮胎 X 射线试验机、轮胎不圆度试验机、轮胎均匀性试验机、轮胎平衡试验机等。

（4）胶囊的制造　定型硫化机所用的硫化胶囊，均用丁基橡胶制造，先挤出胶片（条），然后采用胶囊硫化机硫化。目前国内已开始使用橡胶注塑机生产胶囊，生产效率、质量都有大幅提高，但国内还没有定型设备。

（5）硫化模型的清洗　轮胎硫化模型必须保持干净、光洁。因此，需要定期清洗，以清除整个花纹部分（尤其是花纹沟里）的沉积物，比较先进的清洗设备有液体洗模机。

（三）汽车内胎与垫带的生产工艺

1. 内胎制造

现在国内生产的汽车内胎有天然橡胶和丁基橡胶两种。由于丁基橡胶具有较好的气密性，因而成为目前生产内胎的主要胶种，代替过去一直使用的天然橡胶，但由于丁基胶生胶强度低、活性低、黏着性差以及其硫化性差等，给内胎的生产工艺带来了不少困难。

内胎的制造包括内胎半成品的制备和内胎硫化两大部分。

（1）内胎半成品的制备　可分为热炼、挤出、切断、装气门嘴、接头等工序。

① 滤胶　内胎胶料须经过过滤。滤胶工序一般设在内胎车间。滤胶机的型号根据产品规格和产量需要选用。

② 胶料的热炼　为了提高胶料中配合剂分散的均匀性和胶料的流动性，便于内胎挤出，对于采用热喂料挤出胎筒的胶料须预先进行热炼。热炼也分为粗炼、细炼两步，通常采用开炼机进行热炼。为了实现连续供胶，一般配有一台供胶机，通过架空供胶带向挤出机供胶。

③ 胎筒挤出　胎筒挤出就是通过挤出机挤出半成品胎筒的过程。挤出机常用的有热喂料挤出机和冷却喂料挤出机两种，通常采用的内胎挤出机规格为 ϕ150mm、ϕ200mm 和 ϕ250mm。一台 ϕ200mm 或 ϕ250mm 的内胎挤出机，一般配备三台 ϕ560mm×1530mm 热炼机。在挤出机下方配有挤出联动装置，以实现胎筒冷却、自动称量、打孔、装气门嘴、切割等工序。

④ 气门嘴制备　为了提高气门嘴与胎筒之间的黏合强度，需对气门嘴进行铜嘴打磨、酸处理、加垫胶硫化、打磨、刷浆等工序。酸处理一般采用盐酸和硫酸混合，以除去表面的杂质和氧化物，产生新的表面，提高与胶料的黏合强度。酸处理后需用热水冲洗、干燥，除去表面残留酸液。加垫胶硫化是用平板硫化机预先在气门嘴下周硫化一圈橡胶，起补强和增加粘接面积作用。平板硫化机的型号可根据产量选择。此硫化一般采用半硫化法。在硫化好的气门嘴垫胶底部打毛刷浆，以提高垫胶与胎筒之间的黏合强度。

⑤ 接头　接头是将切割后的胎筒两端连接起来形成圆形的过程。内胎的接头方法有人工接头和接头机接头，目前均采用接头机接头。接头机按动作形式分为垂直式和水平式。按

接头设备分为天然橡胶内胎接头机和丁基橡胶内胎接头机。对于丁基橡胶内胎宜采用高压、高温、长时间接头法，以提高接头强度。丁基橡胶内胎为了避免充气定型时接头处产生裂口，多数采用使接头处冷冻固化的办法。其冷冻器的温度一般控制在−5℃。

⑥ 存放　在内胎胎筒压出与接头之间一般需进行存放，存放一般采用存放车（又称百叶车）进行存放，也有采用吊篮式存放运输方法。一般当挤出、接头、硫化均为三班时，存放量为一个班的生产量。当挤出为一个班，接头、硫化为三个班时，存放量最多按四个班的生产量。

（2）内胎硫化　内胎硫化前需进行定型，以防止硫化时胎筒来不及膨胀。定型采用定型盘，定型盘有立式和卧式两种，立式多用于小型内胎的定型，而卧式则多用于大型内胎的定型。硫化广泛采用个体电动式硫化机，有 36in、45in、55in 等各种型号。对于丁基橡胶内胎硫化，宜采用高温硫化，以提高硫化速度。对硫化操作控制及硫化条件控制，目前国内也在积极推广采用微电子控制。内胎接头后（丁基橡胶内胎接头冷冻后），先在定型盘上充气定型，然后装机硫化。

硫化好的内胎，经过上螺丝帽和成品检验合格，送入成品仓库。

2. 垫带制造

垫带的制造，是先用挤出机压出胶条，经过称量，用垫带硫化机硫化。胶条挤出可与内胎挤出共用一个挤出机组，也可单独设垫带挤出机组，视生产规模而定。通常采用的垫带硫化均采用模压硫化。动力介质有水压和油压两种，可根据具体情况选用。

（四）轮胎车间工艺布置要点

1. 轮胎车间的总体布置要点

（1）采取综合性大厂房的布置方案　根据我国轮胎工业长期生产实践和国外建设经验证明，轮胎车间总体布置采取集中的综合性大厂房，技术先进、经济合理。

综合性大厂房就是把炼胶、挤出、压延、裁断、成型和硫化等生产工段和车间变电所、动力站、保全室等生产辅房，以及车间办公室、餐厅和生活室等集中布置在一个大型厂房内。其主要优点是：①生产工艺总流程布置紧凑、合理，各生产工段和工序之间半成品搬运距离缩短，且可避免露天运输；②生产用途与性能相似的机台可相互备用或共用；③有利于缩短各种动力管线，减少管路损失，降低能耗；④可避免人员和搬运车的频繁出入，便于保持生产环境的洁净；⑤由于车间和总图布置紧凑，可大大节省占地面积。

总之，采用综合性大厂房布置生产，对提高产品质量、减少建设投资、节约能源、降低成本、缩小占地都是极为有利的。为此，国内近几年在建设项目的设计中，多数已采用这种集中的综合性大厂房的总体布置方案，取得了良好效果。单层厂房采用的柱网一般为 6m×18m、6m×21m、6m×24m 或 12m×18m、12m×21m、12m×24m，厂房净高通常为 7～8m。硫化工段可适当提高至 9m 左右。关于综合厂房的面积，需根据生产规模确定。在消防方面则必须严格按照防火规范采取相应的措施。子午线轮胎车间的压延挤出与裁断成型工段，现多采用设少量死窗的封闭式厂房，利用机械送风、排风和人工照明。

（2）预留进一步发展条件　由于轮胎（特别是子午线轮胎）的建设项目投资较大，建设单位往往受到资金限制，难以一次建成经济合理的生产规模。一些主要生产线（如压延、挤出）的设备利用率偏低，富余能力较大，因这些机组价格昂贵，资金投入很大，如不充分发挥其效能，等于沉淀资金。所以，随着社会对轮胎产品需求的增长和已经具备的条件，进一步扩大生产规模很有必要。为此，规划设计者既要从当前现实情况出发，又要搞好长远发展规划，预留出进一步发展的条件。

2. 压延与挤出工段的布置要点

① 压延和挤出工段应与炼胶工段相连，便于混炼胶搬运。但需有隔尘设施，防止受炼胶工段尘烟的污染。

帘布挂胶生产线与胎面挤出生产线（都有热炼供胶机台）可各占一跨，平行布置（其间要留有运输通道）。轮胎车间的整个生产流程由此向前延伸，直至硫化工段。

② 纤维帘布压延机组前后要分别留出白坯布、大卷垫布和大卷胶布的存放面积。钢丝帘布压延机组前面是钢丝锭子间，后面是大卷钢丝胶布存放架。

③ 各条复合挤出生产线前面或其一侧要有存放混炼胶面积，后端要有足够的半成品存放面积。

④ 各条压延和挤出生产线的一侧安装配电箱、控制柜，另一侧安装热炼供胶机台，如图 3-5 所示。如规模较小，压延机和挤出机组的生产任务合计不超过三班时，其热炼供胶机台即可共用，以节省投资。但应为进一步扩大生产，增装供胶机台预留安装位置。

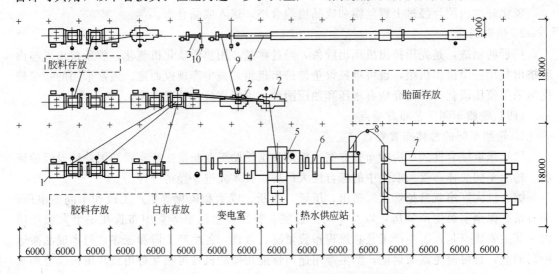

图 3-5　压延、挤出工艺平面布置方案

1—φ650mm×2100mm 热炼机；2—φ560mm×1530mm 热炼机；3—φ250mm 胎面挤出机；4—胎面挤出联动装置；
5—φ700mm×1800mm S 形四轮压延机；6—压延轴机；7—大卷胶布存放舱；
8—电动吊车；9—运输皮带；10—手动吊车

3. 裁断与成型工段的布置要点

① 该工段是裁制各种半成品，加工各种半成品，最后汇集到成型处进行外胎成型的一个极为重要的工段。各种半成品部件较多，在搬运上容易造成往返和交叉，因此要合理地布置各条生产作业线，并留出足够的半成品存放面积和运输通道。

② 裁断机应靠近大卷胶布存放区，以缩短大卷胶布的搬运距离。

③ 贴隔离胶联动装置应靠近裁断机，以缩短小卷胶布的搬运距离。

④ 如需大卷垫布整理机，则应布置在裁断与压延之间的适当位置，以便往返搬运，同时，应采取必要措施，以减少灰尘污染。

⑤ 斜交轮胎成型用胎面如采用预先打磨、接头工艺，则胎面打磨接头装置应布置在胎面存放区与成型之间的适当位置。

⑥ 钢丝圈制造工段可以布置在车间的边跨或一端。钢丝圈挤出联动装置上如有酸洗装置，酸洗部分的地面及排水管均需考虑防腐。钢丝圈挤出联动装置前后需分别留出钢丝包装件和钢丝圈半成品的存放面积。

⑦ 斜交轮胎套筒法成型工艺，现在国内广泛采用层布贴合机与成型机一台配一台的生产方法。每一个成型机组包括：供布架（或三工位链条式供布车）一台，层布贴合机一台和成型机一台。如成型 9.00-20 及以下规格轮胎的工艺设备平面布置方案，如图 3-6 所示。

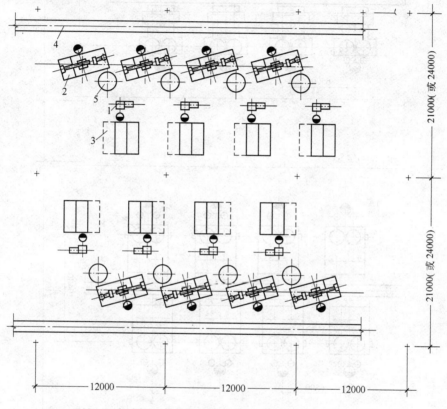

图 3-6 外胎成型工艺平面布置方案

1—层布贴合机；2—中、小型压辊包边成型机；3—供布车；4—胎坯输送带；5—层布筒挂架

⑧ 子午线轮胎成型机组均配备有供布装置，都属于层贴成型法。成排的轻型子午线轮胎两段成型机组可采用 21m 或 24m 跨度布置。成排的载重子午线轮胎一次法成型机组布置在 24m 跨度内比较合适。

4. 外胎硫化与成品检验工段的布置要点

（1）外胎硫化工段 目前斜交胎和子午胎硫化已广泛采用轮胎双模定型硫化机。在单跨或多跨的硫化厂房内，可以布置两排或多排定型硫化机。厂房跨度视硫化机的规格而定。如装 46in 以下硫化机，跨度可采用 21m；如装 55in 硫化机，其跨度采取 24m 为宜。在每一跨度中，可布置两排硫化机。相邻两台硫化机的中心间距为 4500～6500mm，如图 3-7 所示。

两排硫化机共用的动力管道敷设方法，可在两排硫化机之间砌制通行管沟。如地下水位过高，也可设计架空管廊。

每排硫化机前面需有足够的用电瓶车运输胎坯和搬运硫化模型的通道。根据生产计划调度，随着轮胎生产规格的改变，硫化模型就要调换，因此平面布置中要考虑模型仓库和模型

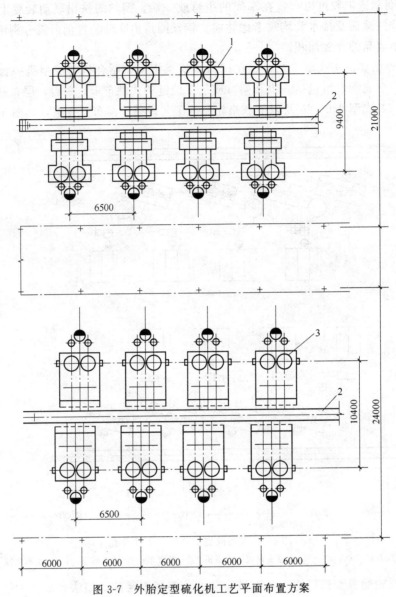

图 3-7　外胎定型硫化机工艺平面布置方案

1—55in 双膜定型硫化机；2—胶带运输机；3—63$\frac{1}{2}$in 双膜定型硫化机

清洗的面积。

（2）成品检验工段　子午线轮胎硫化好后，用皮带运输机直接送到成品检验流水作业线上，通过修剪和扩胎检查，并根据需要有选择地进行 X 射线、均匀性、不圆度或平衡性检验。合格的分类入库，有缺陷的送至修理处进行修理。因此在工艺平面布置中，成品检验工段所占面积较大，尤其采用完全自动化、机械化的成品检验流水作业线时，所占面积更大，这就需要根据生产工艺对自动化、机械化水平的要求，进行具体工艺布置设计。

斜交轮胎硫化好后，通过硫化机身后的皮带运输机运到后端，进行修剪和外观质量检验，分类入库。因此在硫化工段后部要留出轮胎检验和临时存放的面积。

5. 内胎与垫带工段的布置要点

① 内胎和垫带生产工段可布置在综合大厂房内，也可布置在一个单独的厂房中。因为在内胎和垫带生产过程中，隔离剂粉尘和硫化烟气较多，所以目前多采用单独厂房布置，以避免对外胎生产的污染，也便于加强通风和局部处置。

② 内胎与垫带工段使用混炼胶较多，也应靠近炼胶车间，尽量避免胶料露天运输，以防止胶料在运输过程中受风沙和雨水污染。

③ 内胎与垫带工段宜采用单层厂房。其工艺平面布置方案如图 3-8 所示。

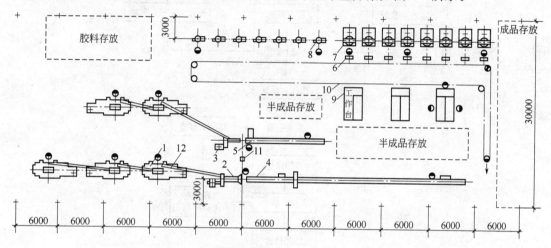

图 3-8　内胎与垫带生产工艺平面布置方案

1—ϕ560mm 热炼机；2—ϕ250mm 内胎挤出机；3—ϕ150mm 垫带挤出机；4—内胎挤出联动装置；
5—垫带挤出联动装置；6—内胎定型盘；7—内胎硫化机；8—垫带硫化机；
9—内胎接头机；10—运输链；11—手动吊车；12—运输皮带

④ 各工序之间需留有足够的半成品存放面积。硫化部分除应设置机台排烟装置外，屋顶可设天窗或排风机。在北方，要处理好天窗冬季（冷凝水）滴水问题。地面要光洁、耐用，不起尘。

⑤ 气门嘴加工工段可设在车间的一端，而且要间隔开。酸处理工序需设在单独隔间内，并设通风柜，加强通风。地面、墙裙和排水管道须采取防腐蚀措施。

⑥ 内胎与垫带工段的办公室、生活室和餐厅等，可布置在厂房的一端或一侧，以本工段职工生产联系和上、下班方便为原则。同时还需考虑本工段的保全室、模具库和集中控制室等需要的面积。

三、力车胎车间工艺设计与布置

（一）力车胎分类和生产工艺流程

中国是力车胎生产大国，产销量居世界首位。力车胎是轮胎的一大品种，属于非机动车辆轮胎。主要用于以人力或人力和畜力并用的非机动车辆。

力车胎主要包括自行车胎、手推车胎、人力三轮车胎和人力畜力两用车胎。另外，根据中国体育运动发展的需要，管式赛车胎也已批量生产，因生产工艺特殊，在此不作介绍。

按照产品结构的不同，力车胎分为软边胎和硬边胎，硬边胎又分为直边胎和钩边胎。

力车外胎中的软边胎主要指手推车胎，也包括软边自行车胎；硬边胎主要是指硬边自行车胎。它们的生产流程如图 3-9 和图 3-10 所示。

图 3-10 中镀锌钢丝采用多根钢丝包胶压出卷成的钢丝圈，需扎头，整周缠绕尼龙线。

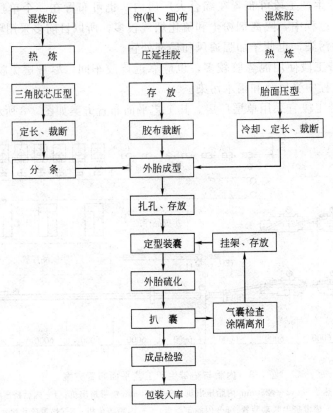

图 3-9　软边力车胎生产流程

生产彩色胎，胎面则需采用复合压制方法，不扎孔。

力车内胎的生产方法有先接头后硫化和先硫化再接头两种工艺。前者为无接头内胎，后者为有接头内胎。现已广泛采用无接头生产工艺。采用有接头生产方法的厂家已很少，故在此不再叙述。按照使用胶种不同，可分为天然橡胶内胎和丁基橡胶内胎。其生产流程也有所不同，如图 3-11 和图 3-12 所示。

（二）力车胎外胎生产工艺方法

力车胎外胎的制造除胶料混炼外，还包括帘（帆）布的挂胶和裁断、胎面和三角胶芯压制、钢丝圈的制造、外胎成型、外胎硫化及内胎的制造。

1. 帘（帆、细）布挂胶

目前用于制造力车胎的骨架材料主要为尼龙和棉帘线，并且棉帘线将逐渐被淘汰。力车胎外胎帘（帆、细）布挂胶和汽车轮胎相同，在此不再赘述。

压延后的胶帘卷用吊车（单轨）送到裁断机旁。

2. 胶布裁断

（1）胎身帘布的裁断　软边胎或硬边胎成型用的胎身帘布，目前一般采用立式裁断机裁断。裁断速度为 30 刀/min 左右。

软边胎的胎身帘布片分层挂在运输链上，送至软边胎成型流水线的各台成型机使用；硬边胎的胎身帘布片则经过定长、用卷轴搓成小卷，插到运输链上，送至硬边胎成型流水线的各台包贴式成型机使用。

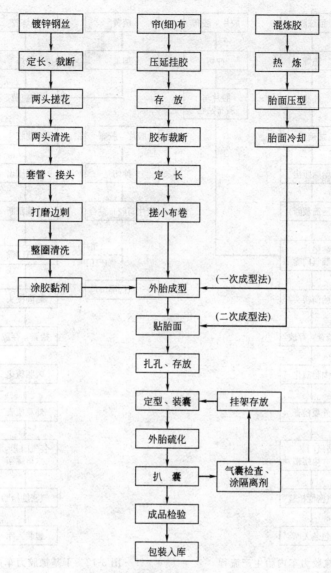

图 3-10　硬边自行车胎生产流程

（2）胎圈内包布的撕条　软边胎成型用的胎耳、内包布和硬边胎成型用的胎圈包布条，均采用撕布机撕成布条和自动卷盘后，供成型使用。

（3）胎圈外包布的裁断　软边胎成型用的胎耳外包布，采用小型卧式裁断机裁断，手工接头，卷盘后，供成型使用。

3．胎面压型

（1）单色胎面的压型　单色（主要指黑色）胎面的压型，通常有两种生产方法。一是用 $\phi230mm \times 650mm$ 的三辊或四辊压型机压型；二是用 $\phi115mm$ 挤出机压型。出型后，在联动装置上经过冷却，直接引到贴胎面机上使用；或在联动装置上经过冷却、定长、裁断后，供外胎成型生产线使用。

（2）彩色胎面的压型　当前彩色自行车胎，主要有单色的、双色的和三色的。

双色车胎以白色胎侧和茶色胎侧居多，也有色泽更鲜艳的。三色车胎主要是磨（切）凸

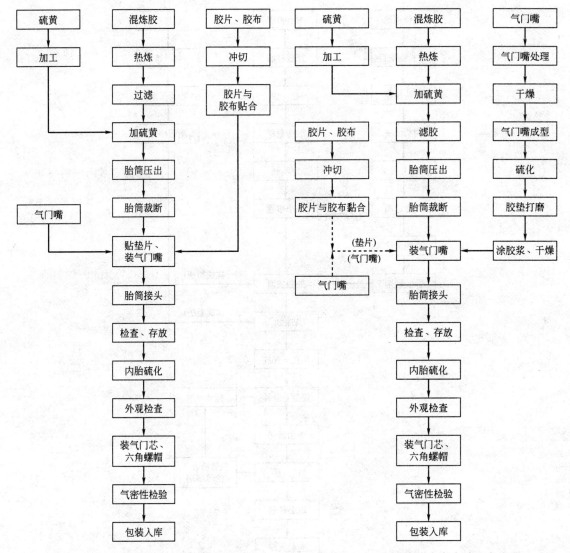

图 3-11　天然橡胶力车内胎生产流程　　　图 3-12　丁基橡胶力车内胎生产流程

花（条）的彩色胎。

双色胎面的压型，目前有复合挤出法和辊筒压延复合法两种。复合挤出法一般选用 $\phi65mm\times65mm$ 冷喂料复合挤出机；辊筒压延复合法则选用 $\phi230mm\times630mm$ 七辊压延机。其自动控制水平较高，出型尺寸准确，产品质量好，更换产品规格比较方便，适用于大批量连续化生产，可压制"二方二块"或"二方三块"的彩色胎面。但设备费用较高，所以当前彩胎产量较少的小型企业，多利用一台 $\phi230mm\times630mm$ 四辊压延机（或两台 $\phi230mm\times630mm$ 三辊压延机联动，或一台 $\phi115mm$ 挤出机与一台 $\phi230mm\times630mm$ 三辊压延机联动）进行双色胎面复合压型，设备费用较低，但生产工艺和操作如果掌握不当，易产生交色、线偏歪等现象，从而影响外观质量。

三色胎面的压型是在上述双色胎面压型联动线上，增加一台 $\phi230mm\times630mm$ 两辊或三辊压延机，专门压制彩色底部胶片，并进行压型复合。

（3）**热炼机的配备**　装有多条热喂料的 $\phi115mm$ 挤出机生产线或 $\phi230mm$ 压延机生产

线，平均每台压型机配一台 $\phi400mm\times1000mm$ 热炼机。如果只装一台压延（型）机，则配备 $\phi400mm\times1000mm$ 热炼机和 $\phi360mm\times900mm$ 热炼机各一台为宜。

4. 三角胶芯的压制与钢丝圈的制造

（1）三角胶芯的压制　软边胎胎耳的三角胶芯为半硬质胶。胶料通过热炼后，一般用 $\phi230mm$ 两辊压延机（其中一个辊有沟槽）整板压制。经浸水冷却、定长、裁断，摆在存放板上存放。停放 4h 后，用切割分条机分条，供软边成型机使用。

（2）钢丝圈的制造　硬边胎用的钢丝圈，按照产品结构设计的要求，分别有两种结构形式和两种制造方法。

① 用单根 13 号、14 号或 15 号镀锌钢丝制造　其制造工序一般经过钢丝校直、定长、裁断、两端搓花、汽油清洗（搓花部分）、套接头钢管（接头钢管为外厂协作件）、冷压接头、打磨边刺、汽油清洗。送硬边胎成型机使用前，还需涂上一层黏着剂。现在国内已有制造这种钢丝圈的专业厂家，可以直接订购。

② 用单根 19 号镀铜钢丝制造　在钢丝圈压出成型联动生产线上包胶、卷成。其制造工艺一般经过浸酸处理、热水冲洗、空气吹干、压出包胶、卷三圈成"品"字形、切断和扎头、缠尼龙线后，供硬边胎成型机使用。

5. 外胎成型

（1）软边胎成型　软边胎成型目前普遍采用折叠式平鼓成型机，用层贴法成型。成型机类型有三种，分别为第一成型机、第二成型机和第三成型机，前者为老式结构，劳动强度较大、机械化程度较低，成型时工人站立工作；后两者比前者进一步改善了自动化、机械化程度，成型时操作者坐着操作。

（2）硬边胎成型　硬边胎成型已广泛使用卧式（或立式）双鼓包贴成型机。成型方法有包贴法和缠绕法两种。前者生产效率较高但搭头太多，影响轮胎的质量；后者搭接处在胎冠部位可提高胎冠的强度，改善尼龙力车胎耐刺伤性，因而被广泛采用。

硬边力车胎的成型工段有一段、二段、三段成型法。一段成型在一台成型机上一次完成各部件贴合；二段成型是在完成胎身帘布、包布一段成型后再进行第二段贴胎面；三段成型分为贴帘布、贴包布和贴胎面三段。分段成型法有利于提高每一段成型设备的专业化、自动化、机械化程度，但工序较多，管理较困难。

（3）胎坯打洞　目前由于骨架材料的尼龙化，使力车胎质量有较大的提高，但使用时易脱层，分析其原因，主要是由于成型好的胎身中存在气体，为此工厂中多采用打洞的方法来改善这一现象。

打洞装置可安装在胎面压出线上，只对胎面进行打孔而不损伤胎体帘线，也可安装在成型机上或胎面贴合机上，对胎坯进行打孔，或者专设打洞机对胎坯打孔。这几种方法打孔较彻底，可基本上排除胎身帘布之间、帘布与胎面之间的气体。但有时对帘线损伤较大，如果安装在成型机上，会增加成型的操作时间，影响生产效果，而且安全性较差。

成型好的胎坯运送到成型车间，可采用悬挂运输链，这样可同时起存放作用，运输距离较短时也可用运输带运输或者存放车运输。

（4）胎坯存放　成型好的胎坯，按工艺要求和生产周转量的需要进行存放，存放时间不得大于 36h。

6. 外胎硫化

（1）硫化准备　主要有涂隔离剂和装囊定型两方面的准备工作。

① 涂隔离剂　为了防止硫化时风胎（或隔膜）与胎里黏着，成型后的胎坯经质量检验合格后，需在胎里（或气囊）表面涂刷液体隔离剂。每个班次在循环使用的气囊表面涂擦硅油隔离剂 3～4 次即可。

② 装囊定型　硫化前需将风胎装入外胎中，采用气囊硫化方法的胎坯，需预先进行装囊定型。其中规格较大的，如手推车胎等，使用定型装囊机；规格较小的则手工定型。

（2）硫化方式　力车外胎硫化方式有气囊硫化法和隔膜硫化法。

① 气囊硫化法　气囊硫化法即硫化前装气囊（即风胎），硫化后扒出气囊，适用于软边胎和硬边胎。这种硫化方法，硫化时风胎中充入压缩气，加热采用单面传热，因而操作工序较多，硫化时间较长，生产效率较低，机械化、自动化程度较低，但目前在国内仍广泛采用。

② 隔膜硫化法　隔膜硫化法又称隔膜定型硫化法。和汽车轮胎定型硫化机相似，主要用于硬边力车胎硫化。它是用隔膜代替风胎，定型、装胎、扒胎均在硫化机中进行。工艺简化，提高了自动化、机械化程度，而且加热采用双面加热，隔膜较薄、传热效果较好，提高了生产效率，国内有些厂已率先采用。

（3）硫化设备　目前国内普遍采用水压硫化机和电动硫化机。

① 水压硫化机　水压硫化机有双层、三层和四层三种。适用于手推车胎和自行车胎的硫化。该机结构简单、制造方便、运行平稳、噪声小、易损件少、维修容易、生产效率高，所以得到广泛采用。但需配备高、低压力水供应系统。高压水压为 9.8～13.2MPa，低压水压为 2.0～2.5MPa，适用于水压硫化机台数较多的大中型力车胎厂。

② 电动硫化机　电动硫化机有单层与双层两种。适用于手推车胎和自行车胎的硫化。该机单机电动，硫化模开闭速度较快。因不用高、低压力水，所以也被许多厂选用。其缺点是活动部件多、维修量较大、模型开闭时有噪声。

③ 双模（并排）胶囊式硫化机　双模（并排）胶囊式硫化机是当前国外比较先进的力车胎硫化设备，自动控制水平较高。内压用蒸汽，最大蒸汽压为 1.4MPa。国内已有应用。

（4）硫化条件　国内各厂采用的硫化介质基本相同，即用蒸汽硫化，蒸汽压为 0.59～0.74MPa，温度通常为 165～170℃。内压采用压缩空气，压力一般采用 1.3～1.8MPa，其中硫化手推车胎的内压高些，硫化自行车胎的内压低些。硫化时间一般如下。

$26\text{in} \times 2\frac{1}{2}\text{in}$ 软边手推车胎：18～19min，另加操作时间 1min。

$28\text{in} \times 1\frac{1}{2}\text{in}$ 软边自行车胎：11～12min，另加操作时间 1min。

$26\text{in} \times 1\frac{3}{8}\text{in}$、$28\text{in} \times 1\frac{1}{2}\text{in}$ 硬边自行车胎：10～11min，另加操作时间 1min。

（5）成品检验及包装　硫化好的外胎成品，经外观质量检验合格后，包装入库。包装方式分正面套装和翻面套装。$26\text{in} \times 1\frac{1}{2}\text{in}$ 等软边外胎，为了库存和运输方便，一般采用翻面打包机进行套装。

（6）硫化控制　力车胎硫化机通常采用电磁阀或射流系统控制。近几年来，为了进一步提高产品质量，各厂已推广应用集成电路和微处理机自动控制硫化条件。一类是积分控制，如采用 TP-801 单板机；一类是定温定时控制，如采用 Z-80 单板机。

7. 风胎和隔膜制造

风胎和隔膜均为纯胶制品，一般采用丁基橡胶制造，使用次数高达数百次。其制造工艺包括压出、接头和硫化等工序。胶料在挤出前必须进行热炼和滤胶，用 $\phi115mm$ 或 $\phi150mm$ 挤出机压出胎筒。然后通过浸水冷却，放在槽板内停放 2h 以后，即可进行成型。装气嘴胶芯，在气囊接头机上接头，再停放 24h 后，即可在内胎硫化机上硫化。对于隔膜胶条，要两头磨毛后压实接头，在隔膜硫化机上进行硫化。气囊硫化机及所用硫化介质与力车外胎所用的相同。唯有丁基橡胶气囊的硫化时间较长，约 3～4h。

（三）力车内胎的生产方法

力车内胎的制造一般可分为内胎生产准备、内胎筒挤出与接头和硫化三个工序。

1. 内胎生产准备

（1）胶料的准备 从配炼车间进来的胶料，如果没有滤胶、加硫，需在此进行滤胶、加硫。滤胶在挤出滤胶机上进行，加硫在开炼机上完成。天然橡胶内胎所用混炼胶一般采用先过滤后加硫黄，加硫完成后进行冷却停放，经冷却停放后需进行热炼，目前大多数工厂都采用开炼机进行热炼；丁基橡胶内胎所用混炼胶则采用先加硫黄再过滤，并且接着挤出的生产工艺，以尽量减少对丁基橡胶的污染。最后通过供胶架向挤出机供胶。

（2）气门嘴的准备 为了提高气门嘴与胎筒的黏着强度，气门嘴要事先加贴垫片。丁基橡胶内胎使用胶垫气门嘴时，气门嘴须先在气门嘴工段进行必要的加工；天然橡胶内胎和丁基橡胶内胎使用普通气门嘴时，需增贴气门嘴垫片。垫片由胶片层和胶布层贴合而成。气门芯需先套上胶皮芯，胶皮芯可用干胶生产，也可用胶乳生产。

2. 内胎筒挤出与接头成型

（1）内胎筒挤出 一般在内胎挤出联动装置上采用挤出机挤出。挤出机按喂料方式可分为热喂料挤出机和冷喂料挤出机两种。目前国内主要使用的是 $\phi115mm$ 热喂料挤出机。推广采用冷喂料挤出机。内胎挤出联动装置包括胎筒冷却、涂隔离剂、裁断、定长、打眼、上气门嘴等工序，涂隔离剂包括内外胎壁涂刷，一般外胎壁采用液体隔离剂，而内胎筒可采用液体隔离剂或者粉末隔离剂。胎筒打眼前须在打眼处刷涂汽油以清除表面杂质，提高与气门嘴的黏合强度。

（2）接头成型 一般在接头机上进行，接头机有两种，即单条接头机和多条接头机，前者一次只能接头一条，后者一次可接头多条。目前各力车胎厂已将内胎挤出和接头组合在一起，形成联动流水作业线，中间胎筒不需专门停放在胎筒运输带上。胎筒经打眼、贴气门嘴直接进行接头成型。接好的胎筒平放在存放盘上，装入运输小车，等待硫化。硫化前的存放时间最长不得超过 6h。

3. 内胎硫化、检验与包装

（1）力车内胎硫化 普遍使用个体电动硫化机。所需内压和外温的介质均为蒸汽，即用双向导热模型硫化。要求使用干饱和蒸汽，蒸汽压要稳定。天然橡胶内胎硫化温度一般控制在 165～167℃，蒸汽压为 0.59～0.64MPa；丁基橡胶内胎硫化温度宜选在 175～180℃，蒸汽压为 0.8～0.9MPa。

天然橡胶内胎硫化时间约 3.5min。丁基橡胶内胎硫化时间约 4～5min。

（2）检验与包装 内胎成品质量检验一般采用充气检验，气压 0.1～0.2MPa，时间 6～8h。检验合格后，送包装工段，经抽真空、装气门芯和六角螺帽后包装入库。内胎包装时抽气的真空度一般为 46.7～53.3kPa。

（四）力车胎车间工艺布置要点

① 力车胎生产的整个过程（包括外胎和内胎生产的各工序）可集中布置在一个厂房内，也可把外胎和内胎分别布置在两个厂房内。由于力车胎各工序联系较强，中间要求停放较少，宜采用集中型流水生产。车间布置要整齐合理，流程顺畅。

② 若厂区的地形和面积容许，采用单层厂房布置为宜，以避免半成品和成品的上下搬运，土建工程的单位面积造价也比较经济。单层厂房的柱距为 6m，跨度为 12m、15m、18m 等几种，层高成型工段约 6m，硫化工段大于 7m，单跨、双跨或者多跨结构。帘（帆）布挂胶，胎面压型布置在靠近配炼一端，以缩短混炼胶的运输距离；硫化则布置在车间的另一端，以接近成品仓库和锅炉房；帘布裁断、成型布置在中间。

若场地受限制，不能按单层厂房布置时，也可采取二层、三层或四层楼房布置。胶料热炼、帘（帆）布挂胶和胎面压型等工段布置在底层，成型、硫化和成品包装等工段则可分别布置在楼上。

③ 帘（帆）布挂胶和胎面压型两个工段用胶量大，应布置在整个厂房靠近炼胶车间的一端，以缩短混炼胶的搬运距离。硫化工段温度较高，则布置在厂房的另一端，并加设天窗。如采用楼房，硫化工段则可布置在最上层，也设天窗，以利于降温和通风。

④ 压延机组和大卷胶布存放、裁断、撕布工段可布置在外胎成型区的一侧，或布置在软边胎成型区与硬边成型区的中间。裁好的胶布条和布卷挂到轻型运输链上运往成型区，供外胎成型使用。

⑤ 胎面压型则与成型布置在一条流水线上。这样，胶布裁断与成型之间、胎面压型与成型之间，均可用轻型运输链和轻型输送带联在一起，组成一条生产流水线，如图 3-13 所示。

⑥ 车间温度要求：冬季不低于 18℃，内、外胎成型工段不低于 20℃；硫化工段夏季室温不能过高，需根据建设项目的当地气象条件，按照卫生标准进行设计。

⑦ 软边胎胎耳三角胶芯的压制和硬边胎钢丝圈的制造可分别布置在软边胎成型区或硬边胎成型区的一侧。

⑧ 力车外胎硫化机的布置有纵向排列法和横向排列法两种。纵向排列法便于组织半成品和成品的机械化运输，但工人操作面的自然通风条件则不如横向排列法好，见图 3-14。图中所列硫化机均为电动双层硫化机。如采用水压三层硫化机，动力介质管道较多，每两排硫化机（背后）的净距离约为 1.5m，其间需设一条约 1m 宽的管沟。

⑨ 内胎胶料热炼（滤胶、加硫黄）、供胶和内胎筒挤出工段应布置在接近炼胶车间的一端。并与内胎成型、接头和硫化工段按一条生产流水线进行布置，见图 3-15。

⑩ 车间靠近厂前区的一端可布置车间办公室、存衣室、餐厅、浴室和厕所等，并在适当位置布置楼梯间、电梯间、保全室、自控室和通风机室等。

四、胶带车间工艺设计与布置

（一）胶带分类与工艺流程

胶带包括输送带（运输带）、平型传动带（平带）、三角带（V 带）和风扇带（切割带）及同步齿形带（同步带）等。

输送带有普通输送带、尼龙输送带、难燃输送带、花纹输送带、挡边输送带、具有特殊性能覆盖胶的输送带（如耐酸碱、防燃、耐寒等）、特种骨架材料输送带（钢丝绳、钢丝网、合成纤维、玻璃纤维等）、钢缆输送带和折叠式输送带等。

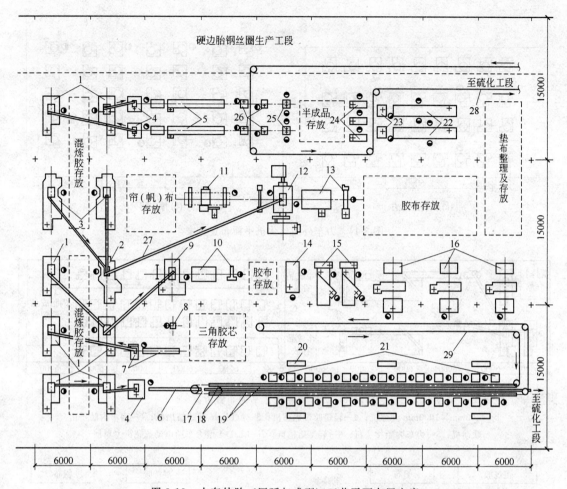

图 3-13　力车外胎（压延与成型）工艺平面布置方案

1—ϕ400mm×1000mm 开炼机；2—ϕ450mm×1200mm 开炼机；3—ϕ560mm×1530mm 开炼机；4—胎面压型机
（ϕ230mm×630mm 四辊压延机）；5，6—胎面压型联动装置；7—三角胶芯压型机（ϕ230mm×630mm 开放式压型机）；
8—三角胶芯分离机；9—ϕ360mm×1120mm 三辊压延机；10—ϕ360mm 三辊压延联动装置；11—ϕ570mm×1730mm
八辊干燥机；12—ϕ610mm×1730mm 三辊压延机；13—ϕ610mm 三辊压延联动装置；14—直条撕布机；15—斜
条裁布机；16—立式裁断机；17～19—成型输送带；20—胎面存放车；21—软边胎鼓式成型机；
22—卧式裁布机；23—小布卷卷取机；24—硬边胎缠绕式成型机；25—胎圈包布机；26—贴胎面机；
27—轻型胶带运输机；28，29—轻型运输链

平型传动带按结构分为叠层式、包层式和叠包式三种。

三角带一般分为普通三角带、风扇带、窄三角带、无级变速带、活络三角带及冲孔三角带等，目前以普通三角带市场需求最大，而普通三角带按带芯不同又分为帘布结构和线绳结构两种。

下面主要介绍输送带、平型传动带和三角带的生产方法、车间工艺设计及布置，其生产流程如图 3-16～图 3-19 所示。

（二）输送带的生产方法

主要叙述普通输送带、尼龙输送带和钢丝绳输送带的生产方法。

1. 普通输送带的生产方法

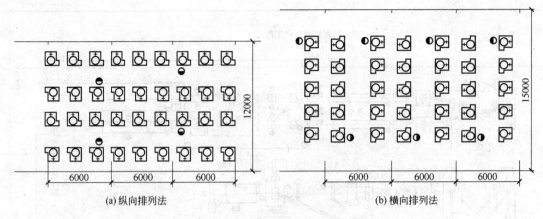

图 3-14　力车外胎硫化机平面布置方案

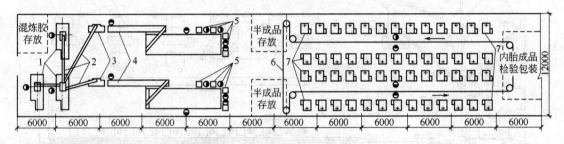

图 3-15　力车内胎工艺平面布置方案

1—φ100mm×1000mm 开炼机；2—轻塑胶带运输机；3—φ115mm 橡胶挤出机；4—力车内胎挤出
联动机；5—力车内胎接头机；6—轻型运输链；7—LL-D-1 型力车胎电动硫化机（单层）

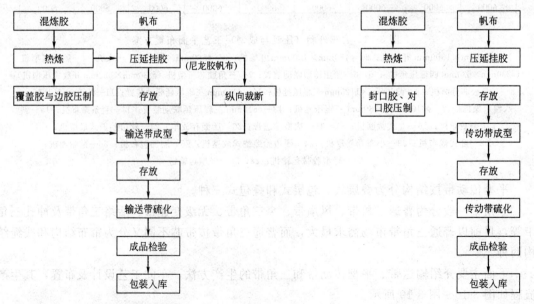

图 3-16　普通输送带、尼龙输送带生产流程　　　　图 3-17　平型传动带生产流程

（1）帆布挂胶和覆盖胶压制　帆布挂胶前，一般经刷毛机刷毛和干燥机干燥。为了防潮保温，干燥后应尽快挂胶。帆布挂胶的方法有一擦一半擦、两擦一贴和浸胶乳后两面贴胶等

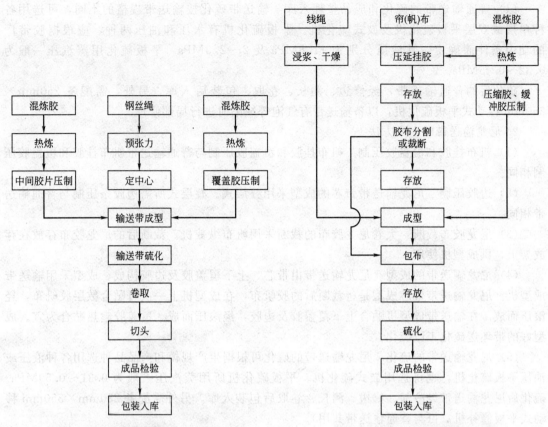

图 3-18　钢丝绳输送带生产流程　　　　图 3-19　Ｖ带、风扇带生产流程

方法。帆布挂胶和覆盖胶的压延采用压延机。在中小型胶带厂两者可共用一台压延机。一般采用 $\phi450\text{mm}\times1200\text{mm}$ 三辊压延机及其联动装置，或采用 $\phi610\text{mm}\times1730\text{mm}$ 三辊或四辊压延机及其联动装置。前者适用于小型胶带厂，后者适用于大中型胶带厂。帆布压延速度一般平均为 $25\sim35\text{m/min}$。胶布卷用存放架存放，存放时间 $4\sim24\text{h}$。覆盖胶的平均压延速度一般为 $10\sim15\text{m/min}$。热炼机的配备视压延机规格而定，采用 $\phi610\text{mm}\times1730\text{mm}$ 三辊压延机或四辊压延机进行帆布挂胶和压制覆盖胶时，一般可配备 $3\sim4$ 台 $\phi560\text{mm}\times1530\text{mm}$ 开炼机，粗炼、细炼、供胶各一台。供胶也可选用 $\phi450\text{mm}\times1200\text{mm}$ 开炼机。

　　垫布整理可选用大卷垫布整理机。

　　(2) 边胶制备　普通输送带带芯的成型有叠层式和叠包式。叠层式成型时需贴边胶，叠包式的成型无需贴边胶。

　　叠包式边胶是由覆盖胶上下包叠而成。叠层式边胶条通常采用 $\phi65\text{mm}$ 挤出机压制，挤出的胶条经压出联动装置冷却、涂隔离剂后，卷盘存放，供成型使用。胶料的热炼可配一台 $\phi360\text{mm}\times900\text{mm}$ 开放式炼胶机。

　　(3) 普通输送带的成型　普通输送带由带芯、上下覆盖胶及边胶构成。成型采用输送带成型机。带芯可分叠层式和叠包式。叠层式的带芯在输送带成型机上是由数层胶帆布边撕边贴、滚压而成。叠包式的带芯是由几层胶帆布先叠后包，再经贴合、滚压而成。

　　在输送带成型机上先贴上面的（或下面的）覆盖胶，经滚压卷取后，再贴下面的（或上面的）覆盖胶及边胶，经滚压卷取后待硫化。

（4）普通输送带的硫化和成品整理入库　输送带硫化按输送带规格的不同，可选用各种单层或双层平板硫化机及鼓式硫化机。平板硫化机有水压和油压两种，应根据胶带厂的动力条件而确定，其液压分别为 11.8MPa 及 2～2.5MPa。平板硫化用蒸汽压一般为 0.32～0.45MPa。

硫化后的普通输送带，经修边、测长、卷取、包装后入库。另外，需配备 250mm× 350mm 移动式平板硫化机，以备输送带有气泡等缺陷时进行局部修理。

2. 尼龙输送带的生产方法

（1）帆布挂胶和覆盖胶压制　帆布挂胶和覆盖胶压制与普通输送带帆布挂胶和覆盖胶压制相同。

（2）边胶压制　尼龙输送带带芯的成型采用叠层式。叠层式所需边胶条压制与普通输送带相同。

（3）尼龙胶布裁断　大卷尼龙胶布的裁断采用帆布纵裁机。裁断后的尼龙胶布存放在存放架上，供成型机使用。

（4）尼龙输送带的成型　尼龙输送带由带芯、上下覆盖胶及边胶构成。成型采用输送带成型机。尼龙输送带带芯成型是将裁断后的胶帆布，在成型机上一次可贴合数层胶帆布，经滚压而成。在输送带成型机贴合上下覆盖胶及边胶，经滚压而成。覆盖胶趁热贴合为宜。成型好的带坯送硫化工段硫化。

（5）尼龙输送带的硫化　尼龙输送带的硫化可根据生产规模和产品品种选用各种液压或油压平板硫化机，也可选用鼓式硫化机。平板硫化机所用蒸汽压一般为 0.31～0.59MPa。硫化后尼龙输送带经冷却、修边、测长、卷取后包装入库。另外需配备 250mm×350mm 移动式平板修补机（可与普通输送带共用）。

3. 钢丝绳输送带的生产方法

（1）胶片压制　上、下覆盖胶片和中间胶片压制，可采用 ϕ610mm×1730mm 三辊压延机或四辊压延机及其联动装置，经冷却、卷取后存放在存放架上，供成型使用。压延速度一般为 10～15m/min。若胶片厚度大于 6mm 时，需配置贴合机或利用输送带成型机进行胶片复合。

热炼机一般可配备 3～5 台 ϕ560mm×1530mm 开炼机，作粗炼、细炼、供胶用。

（2）钢丝绳输送带成型和硫化　钢丝绳输送带的成型和硫化等工序均在其成型硫化联动装置上进行。该联动装置包括锭子架、预张力装置、定中心装置、恒张力装置、贴上下胶片及中间胶片装置、冷压成型机、平板硫化机、卷取机和切头机等。硫化好的成品经检验后，包装入库。

（三）平型传动带的生产方法

平型传动带中叠包式生产较少，下面主要叙述叠层式和包层式生产方法。

1. 帆布挂胶

帆布挂胶的方法和设备与普通输送带相同。

2. 封口胶片和对口胶条的制备

（1）封口胶片的制备　封口胶片的制备通常采用 ϕ230mm×635mm 三辊压延机压片，在联动装置上经冷却、涂隔离剂后卷取存放。用封口胶条切割机切成小条，经整理入盘，待成型使用。

（2）对口胶条的制备　对口胶条的制备通常采用 ϕ65mm 挤出机出条，在联动装置上经冷却、涂隔离剂后，由对口胶条整理机整理入盘，供成型使用。对口胶条的制备也可采用

ϕ230mm×635mm 三辊压延机压片，经切条、冷却、涂隔离剂而成。

（3）热炼机配备　封口胶片压延机和对口胶条挤出机所用胶料的热炼，可共用一台 ϕ360mm×900mm 开炼机。

3. 平型传动带的成型

（1）叠层式平型传动带的成型　在平型传动带成型机上将胶布层分层进行滚压贴合、涂隔离剂、卷盘存放，供硫化使用。

（2）包层式平型传动带的成型　在 16～250mm 或 200～610mm 平型传动带成型机上，边撕胶帆布边包层，同时贴对口胶条和封口胶片，经滚压及涂隔离剂后卷盘存放，供硫化使用。

4. 平型传动带的硫化

（1）水压或油压干板硫化机硫化　平型传动带与普通输送带的硫化工艺相似，硫化设备基本相同。但需增设传动带卷取装置。采用平板硫化机时使用的蒸汽压一般为 0.32～0.45MPa。

（2）鼓式硫化机硫化　目前鼓式硫化机已被应用。硫化蒸汽压一般为 0.32～0.45MPa。钢带对传动带的压力为 4.9～5.9MPa。硫化质量均匀，劳动强度低，但目前国内尚无定型设备。

（3）叠层式平型传动带硫化后的加工　叠层式平型传动带硫化后按规格分切、卷取，胶带两侧需涂边胶浆 1～2 次，自然干燥后，再用平板硫化机进行整边硫化。

（4）成品整理入库　硫化后的平型传动带用测长机测长，检验和卷盘后，包装入库。

（四）三角带（V带）的生产方法

下面简要叙述帘布结构普通三角带、线绳结构普通三角带和风扇带的生产方法。

1. 帘布结构普通三角带的生产方法

（1）胶布裁断　大卷帆布在压延机上两面擦胶后，经过停放，即可按照三角带包布的规格进行裁断，一般采用 900mm 综合裁断机。

（2）压缩胶及缓冲胶制备　压缩胶出型一般有两种方法，一是采用 ϕ230mm×630mm 四辊压延机出型，配两台 ϕ400mm×1000mm 开炼机进行胶料热炼，这种方法操作简单、效率高，尤其适合成组成型；另一种是采用 ϕ115mm 挤出机出型，产品质量较好，但生产效率低，所以较少采用。压缩胶经压延出型、冷却、切断，然后存放。存放时间一般为 16～32h。

成组成型用的压缩胶通过存放，经切头、接头后供成型使用。伸张层胶可在 ϕ230mm×630mm 四辊压延机上压片。

（3）帘布的挂胶与分线　帘布浸胶后在压延机上两面贴胶。经过存放，在帘布裂布机上分线。

（4）帘布结构三角带成型　帘布结构三角带成型有两种方法，一是成组成型，二是单根成型。内周长为 1500～17000mm 的 A、B、C、D、E 型三角带，采用大型三角带成组切割机；内周长为 500～4000mm 的 A、B、C 型三角带，采用小型三角带成组切割机。切割后的带坯在三角带包布机上包布。内周长为 2500～17000mm 的 D、E、F 型三角带，采用大型三角带包布机；内周长为 700～10000mm 的 A、B、C 型三角带，采用中型三角带包布机；内周长为 500～3000mm 的 A、B 型三角带，采用小型三角带包布机。这种三角带包布机均采用风压反包布方法，效率高、带坯伸长均匀，已被广泛采用。但大型三角带或特殊小型三角带（如 O 型）的成型，仍大部分采用单根成型。包布可直接在成型机上进行。

三角带成型后，经逐条称重分档，挂架存放，等待硫化。当成型为一班生产，而硫化为三班生产时，存放时间一般为24h。

垫布整理可选用700mm垫布整理机。

（5）帘布结构三角带硫化　硫化有平板硫化、圆模硫化和鼓式硫化三种方式。

① 平板硫化　内周长为1800～3200mm的O、A、B、C型三角带，采用400mm×300mm颚式平板硫化机。内周长为2900～5500mm的A、B、C、D型三角带，采用400mm×600mm颚式平板硫化机。内周长为1500～16800mm的B、C、D、E、F型三角带，采用400mm×1200mm颚式平板硫化机。颚式平板硫化机使用液压为1.18MPa以下。硫化用蒸汽压一般为0.35～0.45MPa。

② 圆模硫化　内周长在1500mm以下的A、B、C型三角带采用圆模硫化。硫化前手工装模，在专用三角带圆模硫化的立式硫化罐及联动装置线硫化。也可在压模机上压模并在缠水布机上缠水布后，装入 ϕ1500mm×3000mm 卧式硫化罐硫化。前一种方法较后一种方法具有设备投资少、生产效率高、质量好等优点；后一种方法劳动强度较大，消耗水包布多，除部分老厂有少量使用外，新上马的项目大多都采用另一种方法。圆模硫化用蒸汽压一般为0.38～0.45MPa。

③ 鼓式硫化　内周长 810～2600mm 以内的O、A、B型三角带，选用 ϕ60mm 或 ϕ320mm 鼓式硫化机硫化。硫化用蒸汽压为0.38～0.45MPa。此方法是连续硫化，产品质量好，并可降低劳动强度，提高生产效率。

（6）成品整理入库　硫化后的三角带，经修边、检验、测长和分组后，包装入库。

2. 线绳结构三角带的生产方法

（1）线绳浸胶　三角带用的线绳一般有两种，一种是纺织厂供人造丝绳或棉线绳，经浸胶、干燥、伸张后卷取存放，供成型使用；另一种是挂胶帘线绳，将压延挂胶的帘布分线，在捻线机上捻成线绳，再进行浸胶、干燥、伸张后卷取存放，供成型使用。前一种方法工艺简单，也比较合理。

（2）压缩胶、缓冲胶制备及胶布裁断　压缩胶、缓冲胶制备及胶布裁断与帘布结构三角带相同。

（3）线绳三角带成型　采用单根成型方法时，是在圆鼓成型机上成型。生产效率较低，劳动强度较大。现已有采用成组分线成型机的，能提高产品质量和生产效率，但目前国内设备尚未定型。

（4）线绳三角带硫化　线绳三角带硫化与风扇带硫化基本相同（详见风扇带的生产方法）。

3. 风扇带的生产方法

（1）压缩胶、缓冲胶和伸张胶的制备　采用成组成型方法时，一般在 ϕ230mm×630mm 三辊压延机或四辊压延机上出型和压延。经冷却、切断后，供成型使用。采用单根成型方法时，压缩胶、缓冲胶和伸张胶是用挤出机出片，再裁成胶片或胶条，存放后供成型使用。

（2）线绳浸胶　采用人造丝、尼龙和聚酯绳时，需经浸胶、干燥、热定型等处理后，供成型使用。

（3）风扇带包布裁断　风扇带包布裁断与普通三角带相同。

（4）风扇带的成型　风扇带成型有单根成型和成组成型两种。单根成型采用单根成型机，劳动强度较大，生产效率较低；成组成型一般采用风扇带成组切割机或单鼓成型机。切割后的带坯在风扇带包布机上包布，也可采用风压反包布。

（5）风扇带的硫化　风扇带的硫化有硫化罐硫化、个体硫化机硫化和胶囊硫化三种方法。

硫化罐硫化可选用 $\phi1500mm\times3000mm$ 的硫化罐。硫化工序与普通三角带圆模硫化相同，硫化用蒸汽压为 0.35～0.45MPa。

采用个体硫化机时，需根据风扇带的内周长选用。有内周直径为 $\phi400mm$、$\phi500mm$ 及 $\phi600mm$ 的三层和四层的风扇带个体硫化机。使用液压一般为 11.8MPa 以下。硫化蒸汽一般为 0.4～0.5MPa。这种硫化方法劳动强度较低，适用于产量大、品种单一的产品。

选用胶囊硫化，一般采用 $\phi1000mm\times1500mm$ 立式硫化罐。硫化用蒸汽压为 0.35～0.45MPa。需配一台 0.5t 单轨吊车，吊运模型进罐、出罐。此种硫化方法不用缠水布，劳动强度比圆模硫化低。硫化好的风扇带逐条经过修边和检验后，包装入库。

（五）胶带车间工艺布置要点

1. 输送带车间工艺布置要点

（1）普通输送带生产线的工艺布置要点　普通输送带生产工段的成型、硫化等主要工序，通常布置在一个单层厂房内。采用直线流水作业，主要工序之间需留有半成品存放空间，见图 3-20。

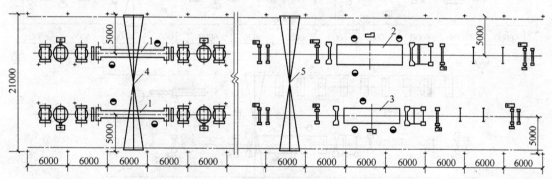

图 3-20　普通输送带成型和硫化生产线工艺平面布置方案

1—1500mm 输送带成型机；2—1800mm×10000mm 单层柱式平板硫化机；3—1200mm×8500mm 单层柱式平板硫化机；4—电动单梁起重机（1t）；5—电动单梁起重机（10t）

厂房的跨度视平板硫化机的规格及台数而定。如只需一台 1800mm×10000mm 平板硫化机时，跨度取 18m；如需一台 1800mm×10000mm 和一台 1200mm×8500mm 的平板硫化机时，跨度取 21m 较合适，见图 3-20；如果采用两台 1800mm×10000mm 或一台 1800mm×10000mm 和一台 2300mm×8700mm 的平板硫化机时，跨度取 24m 为宜。层高一般为 8～9m。压延、成型及硫化部分根据吊运半成品及成品重量而选用起重机。

（2）尼龙输送带生产线的工艺布置要点　尼龙输送带生产工段的压延、纵裁、成型、硫化等主要工序，通常布置在一个单层厂房内。采用直线流水作业，主要工序之间需留有半成品存放空间。

厂房的跨度视平板硫化机的规格和台数而定。通常只需一台 2300mm×8000mm 的平板硫化机时，跨度为 18m。如需一台 2300mm×8000mm 和一台 1800mm×10000mm 平板硫化机时，跨度以 24m 较合适。层高一般为 8～9m，压延、成型及硫化部分，根据吊运半成品及成品的重量而选用起重机。车间跨度为三跨度时，中间跨度设天窗。

（3）钢丝绳输送带生产线的工艺布置要点 钢丝绳输送带生产工段所用上下覆盖胶和中间胶的压制，可与尼龙输送带或普通输送带共用一台 $\phi610mm\times1730mm$ 四辊压延机及其联动装置。但需布置在一个单层厂房内，采用直线流水作业。

厂房的跨度视钢丝绳输送带生产联动线的数量而定。只需一条生产线时（配 2300mm×8000mm 平板硫化机），其跨度为 15m。如再加一条尼龙输送带生产线时（再加一台 2300mm×8000mm 平板硫化机），跨度以 24m 为宜。厂房高度一般为 8.5～9m。起重机的型号可根据吊运半成品及成品的重量而定。

2. 输送带与平型传动带两条生产线并排的工艺布置要点

在中小型胶带厂中，普通输送带与平型传动带的生产通常布置在同一个单层厂房内。普通输送带成型机与传动带成型机并排，可共用一台 1200mm×8500mm 或 1800mm×10000mm 平板硫化机，见图 3-21。厂房跨度为 18m，其他与普通输送带相同。

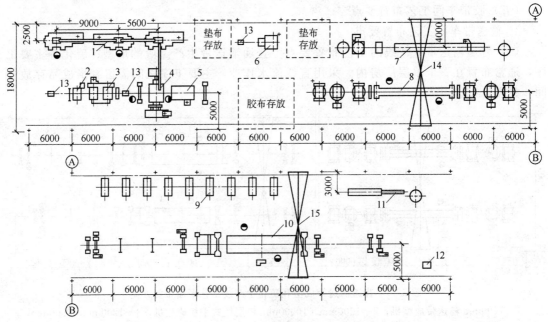

图 3-21 普通输送带与平型传动带生产线工艺平面布置方案

1—$\phi560mm$ 开炼机；2—刷毛机；3—双八辊干燥机；4—$\phi610mm$ 三辊压延机；5—冷却装置；6—大垫布整理机；7—传动带成型机；8—输送带成型机；9—存放架；10—1800mm×10000mm 单层柱式平板硫化机；11—传动带测长机；12—局部修理硫化机；13—电动单轨吊车（0.5t）；14—电动单梁起重机（1t）；15—电动单梁起重机（10t）

3. V 带车间生产线的工艺布置要点

V 带生产工段的成型、硫化通常分区布置，均需留出半成品存放空间。V 带生产线可布置在一个单层厂房内，跨度一般为 15m，厂房高度 6m 左右，见图 3-22。也可布置在多层厂房内，压延及硫化布置在底层，半成品制备和成型等则布置在上层。底层层高为 6m，上层层高为 5～6m。

五、胶管车间工艺设计与布置（拓展）

（一）胶管分类和工艺流程

胶管的种类繁多，按结构不同可分为夹布胶管、编织胶管、缠绕胶管和针织胶管等。夹

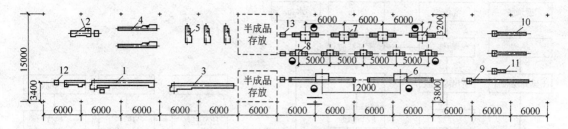

图 3-22 V 带成型与硫化生产线工艺平面布置方案

1—大型 V 带成型切割机；2—小型 V 带成型切割机；3—大型 V 带包布机；4—中型 V 带包布机；5—小型 V 带包布机；6—400mm×1200mm 颚式平板硫化机；7—400mm×500mm 颚式平板硫化机；8—400mm×300mm 颚式平板硫化机；9—大型 V 带修边机；10—中型 V 带修边机；11—小型 V 带修边机；12—电动单轨吊车（0.5t）；13—手动单轨吊车（0.5t）

布胶管包括耐压胶管（即普通夹布胶管）、吸引胶管和耐压吸引胶管。编织胶管分为棉线编织胶管和钢丝编织胶管两种。缠绕胶管目前有棉线缠绕胶管、夹布缠绕胶管和钢丝缠绕胶管三种。胶管生产流程如图 3-23～图 3-28 所示。

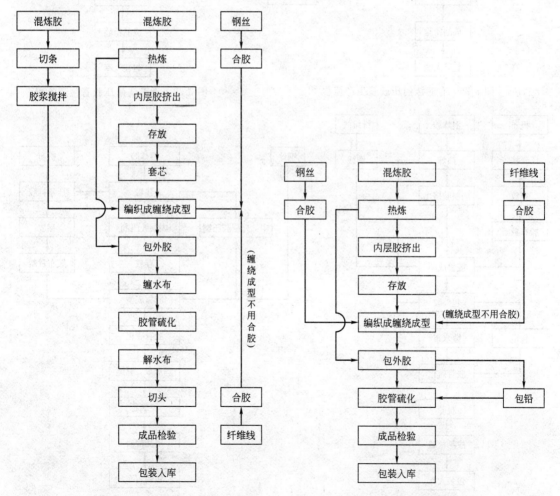

图 3-23 有芯法编织胶管和缠绕胶管生产流程　　图 3-24 无芯法编织胶管和缠绕胶管生产流程

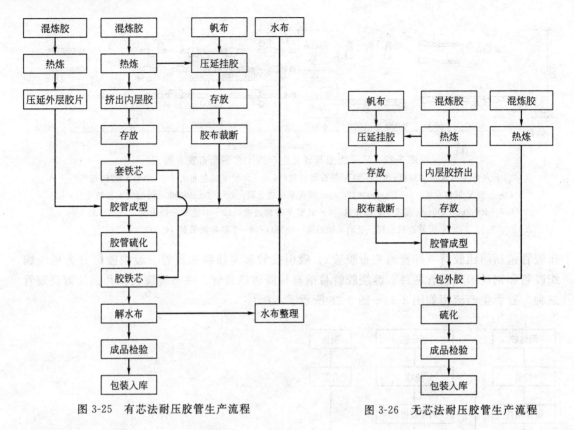

图 3-25　有芯法耐压胶管生产流程

图 3-26　无芯法耐压胶管生产流程

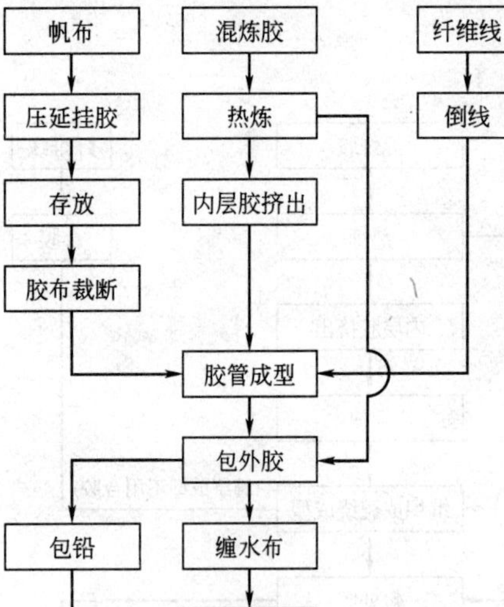

图 3-27　软芯法耐压胶管生产流程

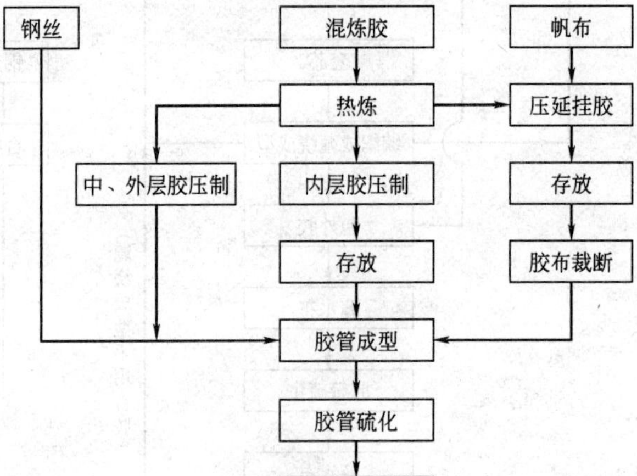

图 3-28　吸引胶管生产流程

（二）夹布胶管的生产方法

耐压胶管的生产方法分有芯法和无芯法两种。吸引胶管和耐压吸引胶管均采用有芯法生产。夹布胶管的生产需要用内层胶、外层胶和挂胶帆布等半成品。

1. 内层胶的制备

内层胶的压制方法有压出法和压延法。一般口径在 76mm 以下的耐压胶管和吸引胶管的内层胶，通常采用 $\phi115mm$ 挤出机压出，并在其挤出联动装置上进行涂隔离剂、冷却和裁断。采用有芯法生产的内层胶，可以平放或卷盘存放在存放架上。存放时间一般为 $2\sim24h$。

口径在 76mm 以上的耐压胶管和吸引胶管的内层胶，则采用 $\phi230mm\times630mm$ 三辊压延机压片。存放时间一般为 $2\sim24h$。

以上挤出机或压延机所用胶料的热炼，可配 $\phi400mm\times1000mm$ 或 $\phi450mm\times1200mm$ 热炼机两台，一台作粗炼，一台作细炼和供胶。

2. 外层胶的制备

一般采用 $\phi230mm\times630mm$ 三辊压延机压片，并在胶片冷却、卷取装置上进行冷却和卷取。胶片存放时间为 $4\sim24h$。胶料的热炼可配 $\phi400mm\times1000mm$ 或 $\phi450mm\times1200mm$ 热炼机两台。

3. 帆布挂胶与胶布裁断

夹布胶管的骨架材料目前普遍采用帆布。

（1）帆布挂胶 帆布幅宽一般在 1.2m 以下，经 $\phi1570mm\times1300mm$ 或 $\phi570mm\times1800mm$ 干燥机、刷毛机干燥后，在 $\phi450mm\times1200mm$ 或 $\phi610mm\times1730mm$ 二辊压延机及其联动装置上进行两面擦胶或"两擦一贴"和冷却卷取。压延平均速度一般为 $15\sim30$ m/min。胶布的存放时间为 $4\sim24h$。胶料的热炼可配 $\phi450mm\times1200mm$ 或 $\phi560mm\times1530mm$ 热炼机两台。

（2）胶布裁断 胶布裁断一般采用卧式裁断机或立式裁断机。裁断的胶布在卷布机上进行接头和卷取。垫布的整理可选用 1200mm 或 1600mm 垫布整理机。

4. 耐压胶管的成型与硫化

（1）耐压胶管的成型 耐压胶管的成型分为有芯法、无芯法和软芯法三种。有芯法成型质量稳定，胶层与胶布的密着性能较好，规格尺寸准确。无芯成型法生产效率高，劳动强度低，工序少，不用水布和铁芯等辅助材料。因此，一般口径在 38mm 以下的普通胶管，采用无芯法生产。软芯法生产适用布层少（一般为一层）、长度为 20m、口径在 25mm 以下的胶管，生产效率较高，劳动强度低。现将三种成型方法分述如下。

① 有芯成型法 先将内层胶通过穿管机套棒。套棒后，在 20m 双面胶管成型机上贴胶布层、外层胶片和缠水布，成型好的管坯，即可送往硫化。

② 无芯成型法 目前一般采用 20m 单面胶管成型机或 20m 双面胶管成型机。无芯成型法成型的管坯，通常用 $\phi115mm$ 或 $\phi150mm$ 挤出机压制内层胶，经冷却后，在成型机上贴胶布层。成型后经 $\phi115mm$ 或 $\phi150mm$ T 形挤出机及外胶挤出联动装置包外层胶、冷却和涂隔离剂，然后用夹布胶管封头机将管坯两端封实，即可送往硫化。

③ 软芯成型法 胶芯由导开装置导开、涂隔离剂后，经 $\phi85mm$ 或 $\phi115mm$ T 形挤出机包上内层胶，将管坯卷在储存鼓上，经包布器进行贴胶布层和外层胶，经缓冲器在包水布机上缠水布，然后卷在鼓上等待硫化。外层胶由 $\phi230mm\times630mm$ 压延机出片，供包胶器

使用。

（2）耐压胶管的硫化　耐压胶管的硫化有直接蒸汽硫化、水浴硫化和包铅硫化三种。有芯法生产的胶管采用直接蒸汽进行硫化；无芯法生产的胶管采用直接蒸汽或水浴硫化，硫化设备可采用 $\phi800mm\times22000mm$ 卧式硫化罐；软芯法生产的胶管采用直接蒸汽或包铅硫化，硫化设备可采用 $\phi500mm\times3000mm$ 或 $\phi2000mm\times6000mm$ 卧式硫化罐，蒸汽压一般为 $0.34\sim0.44MPa$。

有芯硫化的胶管出罐后，在夹布胶管脱铁芯机和夹布胶管解水布机上脱铁芯、解水布。经切头和检验，用夹布胶管成品包装机包装后入库。无芯硫化的胶管，经切头和检验后，用夹布胶管成品包装机包装后入库。包铅硫化的胶管，硫化后需剥铅、脱芯，经检验，用夹布胶管成品包装机包装后入库。

5. 吸引胶管的成型与硫化

（1）吸引胶管的成型　吸引胶管的成型有单机成型法及流水成型法两种。单机成型法在吸引胶管成型机上贴内层胶、中层胶、胶布层、外层胶及缠钢丝、缠水布及缠绳等。此法适用于胶管规格多、产量少的情况，但劳动强度较大，生产效率较低。流水成型法是在四台设备上依次完成贴内层胶和胶布，缠钢丝，贴中层胶、胶布和外层胶，缠水布和缠绳等全部成型作业。从而提高生产效率及产品质量，减轻劳动强度，减少胶管吊运次数，有利于安全生产。这种生产方法适用于批量大、品种少、口径在152mm以下吸引胶管的生产。

（2）吸引胶管的硫化　吸引胶管的硫化通常采用 $\phi800mm\times11000mm$ 或 $\phi1000mm\times10000mm$ 卧式硫化罐。成型后的管坯放在硫化小车上，沿轨道进入硫化罐硫化。蒸汽压一般为 $0.34\sim0.44MPa$。胶管硫化结束出罐后，在吸引胶管解绳机和吸引胶管脱铁芯机上解绳、解水布和脱铁芯。经切头、检验后包装入库。

（三）编织胶管的生产方法

1. 棉线编织胶管的生产方法

棉线编织胶管的生产方法分为有芯编织和无芯编织两种。有芯编织又分软芯编织和硬芯编织。软芯编织适用于口径在19mm以下的编织胶管；硬芯（铁芯）编织适用于质量要求较高、口径较大的棉线编织胶管；无芯编织适用于口径在13mm以下的编织胶管。主要生产工序有编织前的准备、编织成型和硫化等。

（1）编织前的准备　主要包括内层胶制备、胶浆及中层胶的制备、胶芯制备、棉线合股等。

① 内层胶制备　无芯编织和硬芯编织用的内层胶，通常用 $\phi65mm$ 或 $\phi85mm$ 挤出机压出，经冷却卷取后存放。无芯编织用的内层胶需预先进行半硫化。软芯编织用的内层胶通常用 $\phi65mm$ 或 $\phi85mm$ T形挤出机压出。经冷却、卷盘后放在存放架上，存放时间在2h以上。

② 胶浆及中层胶的制备　胶料经切条机切条或用开炼机薄通后，用立式50L胶浆搅拌机或卧式100L胶浆搅拌机制备胶浆。中层胶片的压制一般采用压延法。

③ 胶芯制备　胶芯作为软芯法的内芯使用。一般采用 $\phi85mm$ 或 $\phi115mm$ 挤出机压制，经涂隔离剂、冷却后卷盘，在硫化罐内硫化，蒸汽压一般为 $0.4MPa$。胶芯内可加棉绳或钢丝绳，以提高胶芯使用寿命。

④ 棉线合股　棉线合股采用单纱并线机或棉线合股机。合股时张力一般为 $3\sim5N$（两根），特种胶管的合股张力一般为 $5\sim10N$（两根）。

（2）棉线编织胶管的编织成型　编织方法有无芯编织、软芯编织和硬芯编织三种。

① 无芯和软芯编织　胶管编织长度一般为 30～50m。编织机有立式和卧式两种：立式有 24 锭棉线编织机；卧式棉线编织机有 16 锭、24 锭和 36 锭等。16 锭棉线编织机编织直径为 3.5～15mm，24 锭棉线编织机编织直径为 5.5～17mm，36 锭棉线编织机编织直径为 16～38mm。

② 硬芯编织　管坯套棒后，可分别在卧式 16 锭、24 锭和 36 锭编织机上进行编织。编织胶管的涂胶或贴中层胶片，一般采用涂胶槽或自动贴中层胶装置。涂胶后可自然干燥或送干燥室干燥，干燥室的温度一般为 60～70℃，干燥时间 1～3h。

无芯编织、软芯编织和小口径的有芯编织胶管，通常采用 ϕ85mm 或 ϕ115mm T 形或 Y 形挤出机包外胶，经冷却、涂隔离剂和卷取后，等待硫化。口径较大的有芯编织胶管的外层胶，通常采用 ϕ230mm×630mm 三辊压延机压片，用单面胶管成型机包外胶和缠水布后，等待硫化。

（3）棉线编织胶管的硫化　硫化方法有无芯编织胶管硫化、软芯编织胶管硫化和硬芯编织胶管硫化三种。

① 无芯及软芯编织胶管的硫化　无芯及软芯编织胶管的硫化通常采用 ϕ500mm×3000mm 硫化罐，蒸汽压一般为 0.34～0.44MPa。胶管硫化出罐后，经脱芯、切头和检验，包装入库。胶芯则送往胶芯整理机，整理后供编织重复使用。

② 硬芯编织胶管的硫化　硬芯编织胶管的硫化通常采用 ϕ800mm×11000mm 或 ϕ800mm×22000mm 硫化罐，蒸汽压一般为 0.34～0.39MPa。胶管硫化出罐后，经解水布、脱铁芯、切头和检验，包装入库。

2. 钢丝编织胶管的生产方法

钢丝编织胶管的生产方法主要采用硬芯编织，也有采用软芯冷冻编织及无芯法编织的。主要生产工序有编织前的准备、编织成型和硫化等。

（1）编织前的准备　主要包括内层胶制备、胶浆及中层胶的制备、胶芯制备、钢丝导线合股等。前三项与棉线编织胶管相同，在此不再赘述。

钢丝导线合股时，使用未镀铜钢丝，在导线合股前需进行除垢处理，一般用汽油浸泡（不少于 24h），然后在恒温干燥箱内烘 24h，烘干温度 80～100℃。钢丝采用 GHG-14 型钢丝合股机进行合股，每股钢丝的合股张力一般为 30～50N。

（2）钢丝编织胶管的编织成型　编织方法分硬芯编织法、软芯冷冻编织法和无芯编织法三种。

① 硬芯编织法　现仍沿用传统的生产方法，即管坯压出后进行套棒，采用 16 锭、20 锭、24 锭、36 锭或 48 锭钢丝编织机编织钢丝层。16 锭钢丝编织机编织直径为 4～10mm，20 锭钢丝编织机编织直径为 6～13mm，24 锭钢丝编织机编织直径为 4～31mm，36 锭钢丝编织机编织直径为 15～45mm，48 锭钢丝编织机编织直径为 30～75mm。贴中层胶片也在编织机上进行。胶管编织后涂胶浆，送烘干室（箱）进行干燥，干燥温度为 60～70℃，干燥时间为 2～4h。干燥后，在 ϕ85mm 或 ϕ115mm T 形挤出机上包外胶，或由压延机出片，用人工方法包外层胶。然后在胶管缠水布机上缠水布，等待硫化。这种生产方法工序多，劳动强度大，生产长度一般只能在 10m 以内，长度受到限制，但产品质量较好。

② 软芯冷冻编织法　管坯经 T 形挤出机包内层胶后，卷在转鼓上（转鼓直径为 1m）。编织时管坯经管道式冷冻装置（一套复叠式氟里昂压缩冷凝机组），全长约 8m，将管坯冷冻到 -40℃，进入 24 锭、36 锭或 48 锭钢丝编织机编织第一层钢丝。编织后，为了避免由于

温度很低导致大气中的水分冷凝在编织层表面，特采用一段热风槽加热（用电加热，功率2kW），待温度回升后，经贴中层胶片装置进入第二台24锭或36锭、48锭钢丝编织机编织第二层钢丝层。编织后经刷浆器刷浆、红外线干燥箱（全长约2m，采用15个250W红外灯泡）干燥，卷在转鼓上送到干燥室继续干燥，干燥温度为50～60℃，干燥时间为3h，然后在ϕ115mm T形挤出机上抽真空包外胶。打标记后卷在硫化鼓上（鼓直径约1m，长度3.5m），等待硫化。

这种生产方法（胶管长度可达100m）简化了生产工序，取消套棒、缠水布、解水布、脱铁芯等工序，提高了劳动生产效率，降低了原材料消耗，节约了水布，减轻了劳动强度，为进一步提高自动化和联动化水平创造了条件。

③ 无芯编织法　管坯用ϕ65mm或ϕ85mm挤出机压出，通过冷却水槽、涂皂液隔离剂后存放在盘内。然后送入硫化罐进行半硫化，硫化用蒸汽压一般为0.3MPa。经半硫化并冷却后，管坯内充0.1～0.2MPa压缩空气，经打磨后供编织用。

无芯编织钢丝胶管是通过一个口型支撑定型器使钢丝先编织成一个空心套，然后借助于钢丝的高弹性和在连续编织过程中所形成的推力，把钢丝编织套推移到管坯上，构成胶管骨架层。

无芯编织是将中胶片的胶卷放在24锭、36锭钢丝编织机上，使中胶片包在胶管端部送入口型支撑定型器后，进入钢丝编织机编织钢丝层。编织后，经外观检查，再打入0.1～0.2MPa的压缩空气放在筐内。通过ϕ85mm或ϕ115mm挤出机及其联动装置包外胶、冷却、吹风、打标记后卷在硫化鼓上（鼓直径1m，长度2.7m）。这种生产方法（胶管的长度可达200m）简化了生产工序，取消套棒、缠水布、解水布、脱芯等工序，提高了劳动生产效率，降低了原材料消耗等，为进一步实现自动化和联动化创造了有利条件。

（3）钢丝编织胶管的硫化　硬芯法编织的胶管硫化，通常采用ϕ800mm×11000mm卧式硫化罐进行硫化，硫化蒸汽压一般为0.4～0.45MPa。胶管硫化出罐后，经解水布、脱铁芯，用钢丝胶管切头机切头，经检验后包装入库。

软芯冷冻法编织的胶管硫化，采用ϕ700mm×4000mm卧式硫化罐进行硫化，硫化蒸汽压为0.4MPa。硫化后进行脱胶芯，胶管经水压试验检验后（最大压力为39.2MPa），用钢丝胶管切头机切头后包装入库。

无芯法编织的胶管硫化，采用ϕ500mm×3000mm卧式硫化罐进行硫化，硫化蒸汽压为0.4MPa，胶管硫化后经检验和切头，包装入库。

（四）缠绕胶管的生产方法

缠绕胶管按生产方法可分为间歇式缠绕法和连续式缠绕法两种。

1. 间歇式缠绕法

内层胶、中层胶及外层胶的制备、棉线和钢丝的合股与编织胶管相同。下面主要介绍胶管的成型和硫化。

（1）缠绕胶管的成型　缠绕胶管的成型有棉线缠绕胶管的成型、夹布缠绕胶管的成型、钢丝缠绕胶管的成型三种方法。

① 棉线缠绕胶管的成型　棉线缠绕胶管的成型分为软芯缠绕法和无芯缠绕法两种。无芯缠绕法又分为内胶半硫化缠绕法和充气缠绕法。

软芯缠绕法和无芯内胶半硫化缠绕法胶管的成型是在缠绕机上进行（其专用设备尚未定型）。缠绕后，经涂胶、干燥，在ϕ85mm或ϕ115mm T形挤出机上抽真空、包外胶，经冷却后卷取存放，等待硫化。

无芯充气缠绕胶管的成型是采用线绳缠绕机进行，缠绕后经胶乳槽浸胶，再卷在转鼓上，送入烘干室进行干燥。干燥时间一般约为 6h（第一次干燥大约 2h 后，将转鼓转动一次，再继续干燥 4h）。干燥室温度为 50～60℃。包外胶通常采用 ϕ115mm T 形挤出机，并在其挤出联动装置上涂隔离剂、冷却和卷取供硫化，胶管长度可达 200～300m。

② 夹布缠绕胶管的成型　夹布缠绕胶管的成型是在夹布缠绕机上进行。缠绕布层后，在 ϕ115mm T 形挤出机上进行包外胶，并在其联动装置上冷却、缠水布和卷取在转鼓上，等待硫化，胶管长度可达 100～200m。

③ 钢丝缠绕胶管的成型　钢丝缠绕胶管的成型一般采用有芯缠绕法，也可采用软芯缠绕法。成型是在钢丝缠绕机上贴中层胶片及缠绕钢丝层。钢丝缠绕机有两盘、四盘或六盘。可根据产品结构选择钢丝缠绕机的盘数。缠绕后的胶管在 T 形挤出机上包外胶或在成型机上贴外层胶片。采用有芯缠绕法的钢丝缠绕胶管，需在缠水布机上缠水布后存放，等待硫化。

（2）缠绕胶管的硫化　有芯缠绕胶管的硫化通常使用 ϕ800mm×11000mm 卧式硫化罐或 ϕ800mm×2000mm 卧式硫化罐。硫化蒸汽压一般为 0.35～0.5MPa。硫化出罐后，经解水布、脱铁芯、切头、检验后，包装入库。

软芯和内胶半硫化缠绕胶管的硫化，可与无芯棉线编织胶管硫化共用一台硫化罐或者选择 ϕ1500mm×3000mm 卧式硫化罐，硫化出罐后，经脱芯、切头、检验后，包装入库。

充气缠绕胶管的硫化，目前采用立式包铅机或卧式包铅机包铅皮后，使用 ϕ2800mm×6000mm 卧式硫化罐或 ϕ2000mm×5000mm 卧式硫化罐硫化。硫化蒸汽压一般为 0.35～0.4MPa。硫化后出罐，经冷却、剥铅、检验后，包装入库。

2. 连续式缠绕法

（1）夹布缠绕胶管　内层胶由 ϕ85mm 挤出机压出后，在其联动装置上进行冷却，缠胶布，在 T 形 ϕ115mm 挤出机上包外层胶片，在硫化箱内进行硫化，经冷却、卷取后包装入库。

（2）棉线缠绕胶管　内层胶由 ϕ85mm 冷喂料挤出机压出后，在其联动装置上进行冷却、吹干，在双盘缠绕机上进行缠绕骨架层，在 ϕ115mm 冷喂料挤出机上包外层胶片，在硫化箱内进行硫化，经冷却、卷取后，包装入库。

（五）胶管生产车间工艺布置要点

胶管车间的半成品准备、压延、挤出、成型和硫化等生产工段，一般集中布置在一个单层厂房内。有芯、无芯及软芯编织胶管和无芯、软芯缠绕胶管的生产，也可布置在多层厂房内。

1. 耐压胶管与吸引胶管成型和硫化的工艺布置要点

按生产工艺和设备的特点，一般布置为长条直线形。为了有效利用建筑面积、缩短厂房长度和减少生产过程中的频繁搬运及搬运距离，通常将成型和硫化两条作业线并排布置。吸引胶管的硫化罐，一般布置在脱铁芯机侧面。无芯法生产耐压胶管的硫化罐与成型机并排布置。有芯法生产耐压胶管的硫化罐，两头均有罐盖以供开闭，并且在两端设有轨道及卷扬机。

耐压胶管采用有芯法生产时，管坯和铁芯的搬运通常采用人工。厂房高度一般为 6m 左右，跨度为 18m 或 21m，见图 3-29。

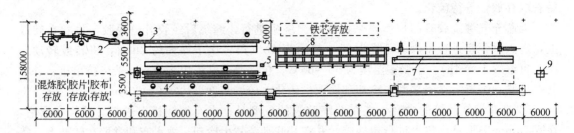

图 3-29　有芯法耐压夹布胶管成型和硫化工艺平面布置方案

1—φ360mm 开炼机；2—φ115mm 挤出机；3—内胶压出联动装置；4—夹布胶管

双面成型机；5—穿管机；6—φ800mm 硫化罐及牵引装置；7—夹布胶管

解水布机；8—夹布胶管脱铁芯机；9—成品包装机

耐压胶管采用无芯法生产时，厂房高度一般约为 6m，跨度为 12m 或 15m，见图 3-30。

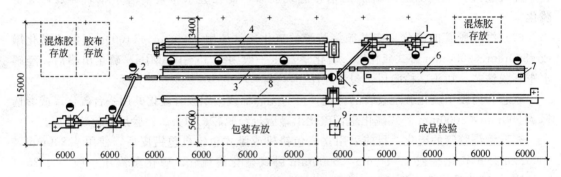

图 3-30　无芯法耐压夹布胶管成型和硫化工艺平面布置方案

1—φ360mm 开炼机；2，5—φ115mm 挤出机；3—内胶压出联动装置；4—夹布胶管双面

成型机；6—外胶压出联动装置；7—夹布胶管封头机；

8—φ800mm 硫化罐及牵引装置；9—夹布胶管成品包装机

耐压胶管采用软芯生产长胶管时，厂房高度一般为 6～7.5m，跨度为 15m，见图 3-31。

吸引胶管的管坯及铁芯的搬运，通常采用 SHL₄ 型橡胶管起重机。厂房高度一般约为 7.5m，跨度则根据工艺生产方法和工艺布置情况决定。如采用单机成型方法时，跨度一般为 15m 或 18m。采用流水作业成型法时，跨度一般为 18m 或 21m，见图 3-32。铁芯应存放

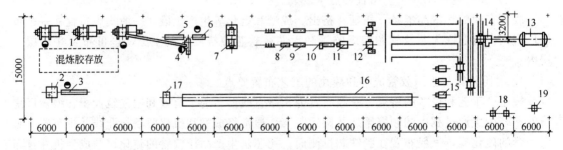

图 3-31　软芯法耐压夹布胶管成型和硫化工艺平面布置方案

1—φ400mm 开炼机；2—φ230mm 三辊压延机；3—压延联动装置；4—φ115mm 挤出机；5—涂隔离

剂装置；6—冷却装置；7—储存鼓；8—包布器；9—包胶器；10—缓冲器；11—包水布机；

12—转鼓；13—φ1500mm 硫化罐；14—牵引机；15—解水布机；16—检验输送带；

17—卷扬机；18—水布整理机；19—胶芯接头机

在靠近穿管机或脱铁芯机的地方，使之取用方便。

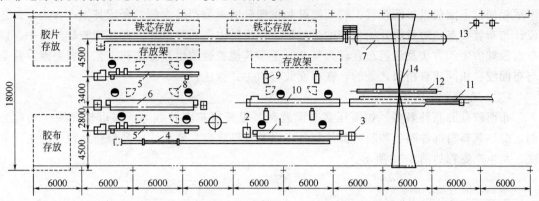

图 3-32　吸引胶管成型和硫化工艺平面布置方案

1—内胶胶布贴合机；2—胶片架；3—胶布架；4—运管小车；5—吸引放管成型机；6—包外胶、胶布
贴合机；7—φ1100mm硫化罐及牵引装置；8—扇形活动桥；9—拉抽式活动桥；10—吸引胶管解
绳机；11—吸引胶管脱铁芯机；12—解水布机；13—水布整理机；14—SHL₄型橡胶管起重机

2. 有芯、无芯和软芯编织胶管及小口径缠绕胶管的工艺布置

根据设备的选择及台数，按生产工艺的要求来考虑。若布置在多层厂房时，挤出、包外胶及硫化等设备放在底层，层高一般为6m，编织机或缠绕机在楼上，层高一般为5.5～6m。跨度可根据产量及设备台数等条件考虑，一般为9～12m。若均布置在单层厂房内，层高为6m。大口径有芯编织胶管和大口径缠绕胶管的工艺布置，一般是直线排列，层高约为6m左右，跨度可根据产量及设备台数等条件考虑，一般为9～12m。

六、胶鞋车间工艺设计与布置（拓展）

（一）胶鞋分类

胶鞋的分类方法有多种，仅分类方法就有按材料分、按生产方法分、按用途分等。如按材料分类，有布面胶鞋、胶面胶鞋、橡塑鞋和皮革鞋四大类；按生产方法分类，有黏合法热硫化胶鞋、黏合法冷粘鞋、注塑鞋、模压鞋；按用途分类，有生活用鞋、运动用鞋、劳动保护用鞋（靴）、防雨雪用鞋（靴）等。根据目前我国习惯，按材料和用途综合分类方法较多。胶鞋的种类和品种如表3-2所示。

表 3-2　胶鞋的种类和品种

种类	用途	品种
布面胶鞋	一般生活用鞋	便鞋、童鞋、棉胶鞋、民族鞋（如苗族鞋、西藏鞋）等
	一般劳动用鞋	解放鞋、农田鞋等
	专用劳动保护用鞋	耐油鞋、防刺穿鞋、森工鞋、盐工鞋、山袜鞋、绝缘鞋、抗静电鞋等
	普通运动用鞋	高帮球鞋、低帮球鞋、轻便运动鞋等
	专业运动用鞋	篮球鞋、排球鞋、网球鞋、足球训练鞋、羽毛球鞋、体操鞋、滑雪鞋等
	特殊用途鞋	磁疗鞋、药物鞋、戏剧鞋等
	凉鞋、拖鞋	布面拖鞋、童凉鞋、微孔凉鞋、微孔拖鞋等
胶面胶鞋	一般生活用鞋（靴）	雨鞋（如元宝雨鞋、皮鞋式雨鞋）、皮鞋套鞋、童雨鞋、童雨靴、轻便靴、彩色鞋靴、中筒靴、高筒靴、防滑靴、民族靴等
	一般劳动用鞋（靴）	农田靴、工矿靴等
	专业劳动保护用鞋（靴）	水田绝缘靴、耐酸靴、耐碱靴、耐寒靴、消防靴、抗静电靴、套裤连靴等
橡塑鞋	一般穿用鞋	凉鞋、拖鞋、轻便鞋、旅游鞋、防寒鞋、冷粘运动鞋等

由表 3-2 可见，胶鞋的品种繁多，各类胶鞋的生产方法、所用设备及工艺设计的要求也不尽相同。下面仅以布面胶鞋、胶面胶鞋和橡塑鞋的典型产品为例，介绍其生产方法、工艺设计与布置要点，对目前开始生产的注塑鞋、模压鞋也作简单叙述。在各类胶鞋产品中，以布面胶鞋的生产方法及工艺布置较为复杂。至于其他胶鞋的生产方法和工艺布置要点，凡是与布面胶鞋相同或有相似之处的，在布面胶鞋中一并叙述。

（二）布面胶鞋的生产方法

布面胶鞋的品种繁多，如模压底布面胶鞋、辊筒底布面胶鞋等。仅以辊筒底运动鞋为例，简述其布料部件制备和胶料部件制备，以及胶鞋成型、硫化、成品检验及包装的生产方法。其生产流程如图 3-33 所示。

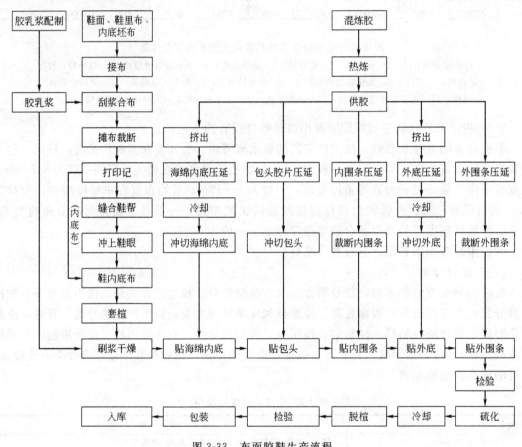

图 3-33 布面胶鞋生产流程

1. 胶料部件制备

布面胶鞋的胶料部件制备包括外底（大底）、海绵内底、内外围条、包头和大梗子的出型。

（1）外底出型 外底是布面胶鞋的主要部件之一，其质量的优劣直接反映出胶鞋质量的好坏。多年的实践证明，挤出-压延工艺是一种先进、成熟可靠的方法，其优点是出型效率高，外底半成品的质地密实，花纹轮廓清晰，表面光洁。因此，外底出型采用挤出-压延工艺为宜。

外底出型线的数量根据生产规模和产品的花色品种确定。为使浅色外底不被黑色外底污染，一般采用两条外底出型线，分别生产浅色外底和黑色外底。每条出型线由热炼→供胶→挤出→压延→冷却→冲切组成"一条龙"流水作业线，分别采用开炼机、挤出机、压延机、外底胶片冷却装置及外底冲切机。其中，压延机有两辊压延机、五辊压延机和七辊压延机三种形式，五辊压延机和七辊压延机的优点是更换外底规格方便，节约更换辊筒的时间，从而可提高生产效率。

为了避免外底胶片冲切时粘模和冲切后变形，外底胶片压延后，不仅需要冷却，而且需要充分收缩，因此，外底胶片冷却收缩是出型线中的重要工序之一。外底胶片冷却一般采用由多层输送带联动组成的胶片冷却装置，每层输送带的速度各不相同。为了提高冷却效果和缩短胶片收缩时间，还辅以其他装置和措施。常用的辅助装置有冷却水槽、冷却辊筒；常用的辅助措施有：根据胶料收缩率的大小，调节胶片冷却装置的每层输送带之间的线速度比，并在冷却装置的开始部分（一般在冷却装置的第一层），利用三角辊先将胶片打折成"波浪形"，以增大冷却面积，提高冷却效率，同时，利用胶片在"自由"状态下充分收缩。实践证明，这是一种行之有效的冷却方法。

外底胶片冷却至室温后，即可冲切或手工切割外底。手工切割的外底，边缘坡度整齐，适用于"外底包围条"的胶鞋成型工艺，但劳动强度大，生产效率低，而且由于切刀温度高，使切割面的部分胶料成为炭化而产生烟气，不利于操作工人的身体健康。因而，除客户提出特殊要求外，一般不采用手工切割方法，通常采用外底冲切机。

根据工艺要求，外底冲切后可直接用于成型工序，也可置于保温室内保温。保温室的温度一般控制在30℃，若胶料中掺有较多的丁苯橡胶时，保温室的温度可适当提高到45～50℃，以提高外底的黏性和热柔软性。保温时间不宜过长，以免胶片自硫或因收缩变形而不能用于成型。

（2）海绵内底出型　海绵内底出型与外底出型基本相同，也采用热炼→供胶→挤出→压延→冷却→冲（滚）切组成"一条龙"流水作业线。所不同的是压延机的两个辊筒均为光辊，因此，选用两辊压延机即可。海绵内底胶片冷却装置的结构也比较简单，有效冷却长度也比外底胶片冷却装置短。

海绵内底的裁切有冲切和滚切两种方式。冲切设备的占地面积小，是定型设备，订货方便，但其生产效率不如滚切装置高，更换产品规格也不如滚切装置方便，因此，采用滚切装置为宜。

海绵内底滚切装置有多滚多刀平行排列和多滚多刀"梅花形"排列两种方式。梅花形排列的占地面积小，适用于多品种、多规格生产。但滚切装置属非标准设备，目前，还没有定点制造厂，一般由企业自制。

（3）围条、包头、大梗子出型　围条、包头、大梗子出型包括热炼、供胶、压延、接取裁断等工序。根据生产规模的大小和品种规格的多少，三个部件可在一条生产线上生产，也可分别设置生产线，每条生产线分别采用开炼机、压延机及接取裁断装置，为了提高半成品的质量，也可在压延之前增设一台挤出机，采用挤出-压延工艺，可根据具体情况确定。在一条生产线上生产三个部件，更换花辊频繁，不利于提高生产效率，因此，一般分别设置生产线为宜。由于三个部件的品种多，压延采用五辊压延机或七辊压延机为宜。接取裁断一般由接取输送带和气动电热裁切机构组成，该装置属非标准设备，均为企业自制。

围条、包头、大梗子裁断后，分别存放于百叶存放板上，送保温室内保温，保温室的温度一般为30℃左右。

三色围条挤出机组一般由三台小型挤出机以 T 形方式组成。该机的自动化程度高，生产线的占地面积小，半成品质量好，适用于生产中、高档运动鞋，但由于只能单根或双根压出，生产效率较低，可根据具体产品需要选用。

2. 布料部件制备

在国内的一些胶鞋厂，布料部件的生产往往进行厂外协作加工，但作为胶鞋的工艺设计，布料部件的制备是重要的一项设计，如果在厂内生产，在建厂时按设计要求进行，如果在厂外协作生产，也应对协作单位按设计要求进行指导。

布料部件制备包括鞋帮和内底布加工。鞋帮加工一般由刮浆合布、裁断、缝帮、冲上鞋眼、缝内布等工序组成。

（1）刮浆合布　刮浆合布工序包括配布、接布、刮浆、合布、干燥等加工过程。

配布、接布是按规定的色泽、长度、疵点等外观质量要求选择布料，并用缝纫机将布料连接成一定长度，以便于刮浆和合布连续化生产。

刮浆、合布、干燥是将两种布料经刮浆后贴合在一起，并加热干燥。通常在一台合布机上连续地完成上述三道工序。干燥是通过单鼓或双鼓干燥装置进行，鼓内蒸汽压为 0.55～0.65MPa，干燥速度一般为 5～7m/min。干燥后需停放 2～3d，使其充分收缩后，供裁断工序使用。

鞋面布和鞋里布刮浆除有特殊要求外，一般不使用汽油胶浆，因为溶剂汽油对安全与工业卫生都会带来不良影响，需采取防范措施。通常使用面粉浆、菱粉浆和胶乳浆，由于前两种粉浆易使鞋在存放时受潮、发霉变质，除低档鞋使用外，一般不用，所以最常用的是胶乳浆。胶乳浆中含胶量约为 60%，每 100m 耗浆量为 6～6.5kg。胶乳浆配方中大部分配合剂亲水性较差，直接配入胶乳中不易分散均匀。特别是直接配入无机电解法的配合剂时，由于电荷的作用，能促进胶乳黏度显著上升，甚至凝固，所以不能溶于水的各种配合剂如硫化剂、促进剂、活性剂及防老剂等加入胶乳前，必须制成胶状分散体。制备各种配合剂分散体的主要设备是球磨机或胶体磨。

内底布的刮浆、干燥条件与鞋帮布基本相同。但干燥后需在一定的温度和湿度条件下悬挂 1～2d，经过"自由"收缩处理后，才可进行裁断。一般使用胶乳浆，每 100m 耗浆量为 8～9kg。

（2）裁断　鞋帮布、内底布刮浆干燥后，在摊布工作台上折叠成一定长度和层数，供裁断用。若采用刀模冲裁时，帆布鞋帮布为 4～8 层，内底布为 10～20 层。电剪裁断时，鞋帮为 20～30 层，内底布为 30～40 层。

裁剪是借助样板和裁剪刀具将帮布和内底布裁剪成需要的形状。裁剪方法有刀模冲裁、划样电剪裁剪和手工划样裁剪等。因后两种裁剪方法的劳动强度大、误差大，所以采用刀模冲裁为宜。刀模冲裁一般选用龙门液压下料机。

（3）打印记　鞋帮部件和内底布裁剪后，需在规定的部位盖印货号、鞋号、工序代号等标记。打印标记有手工和机械两种方法，手工打印记的劳动强度大，生产效率低，采用机械方法为宜。盖印标记后的鞋帮部件和内底布，按品种、规格存放于帮片库内，待缝纫工段使用。

（4）缝帮、冲上鞋眼　缝帮是按要求的缝针密度和各部件之间的相对位置，将鞋帮部件缝合在一起，并冲上鞋跟。根据缝纫部件的连接情况，采用单针缝纫机或双针缝纫机。

（5）缝内底布　辊筒底胶鞋成型前需将鞋帮与内底布缝制在一起，以便于套楦、刷浆、成型工序的操作。

3. 胶鞋成型

胶鞋成型是将鞋帮和各种胶料部件组装成"生鞋"的重要工段,包括套楦、刷浆干燥、贴合并压实海绵内底、包头、内围条、外底、外围条和大梗子等工序。

套楦一般采用气动套楦机,将缝好内底布的鞋帮套在鞋楦上。套楦后手工刷浆,送入烘箱内烘干。根据工艺要求,刷一遍浆或两遍浆。烘箱的结构形式与刷浆的遍数有关,若只刷一遍浆时,烘箱可布置成立式、卧式、L 形;若刷两遍浆时,烘箱可布置成 U 形、门形。烘干温度与胶浆种类有关,胶乳浆的烘箱温度一般为 60~70℃,汽油胶浆的烘箱温度一般为 45~55℃。

各种胶料部件贴合采用手工贴合后,分别采用海绵内底和外底压合机、包头压合机、内外围条压合机和大梗子压合机压合。压合机为气动,工作压力不低于 0.4MPa,压合时间为 3~5s。成型好的"生鞋"经检验后,挂在硫化小车上,等待硫化。

4. 胶鞋硫化、检验及包装

胶鞋硫化是胶鞋制造过程中最后一个重要工序,通过硫化获得最优良的物理机械性能。胶鞋硫化通常采用 φ1700mm×4000mm 卧式硫化罐。硫化介质分为热空气和直接饱和蒸汽两种。前者硫化的胶鞋表面光泽较亮,无水渍之弊。但由于热空气中氧的大量存在,又处在加热的情况下,因此在硫化的同时发生氧化过程而降低了胶料的老化性能。对纤维材料来说,由于受热空气的作用,水分蒸发,纤维也受到损害。采用直接饱和蒸汽作介质时,由于饱和蒸汽中含氧量极少,减小了胶料氧化和对纤维的损害,而且压力、温度均高,可以缩短硫化时间,硫化胶的物理性能较优。缺点是容易发生水渍,胶料光泽度也较差。

目前,胶鞋一般均采用"混气"硫化法,也就是硫化开始的一段时间用热空气硫化,后一段改用直接饱和蒸汽硫化,这样既提高硫化罐的生产能力,克服了热空气和直接饱和蒸汽硫化的不足,又提高了胶鞋的物理机械性能和穿用寿命。间接蒸汽压一般为 0.35~0.45MPa,硫化温度一般为 132~140℃,一般在硫化结束前 15~20min,向罐内通入直接蒸汽,完成最终硫化过程。必须逐步升温,逐步升温使罐内温度均匀地升高,不但可减少罐内各部位的温度差,而且物理机械性能显著提高,并对海绵发孔也起到重要作用。浅色布面胶鞋多采用间接蒸汽硫化,或在通入直接蒸汽前,先将蒸汽管路中的冷凝水排出,再送入罐内,以免蒸汽中的水珠污染鞋面。

胶鞋硫化结束后,随即便可出罐冷却。胶鞋冷却有自然冷却和强制冷却两种方式。自然冷却时间长、需要面积大、生产效率低,同时,剩余的硫化烟气散发在厂房内,对工人的身体健康有害;强制冷却时间短、需要面积小、生产效率高。因此常采用强制冷却方法。所谓"强制"冷却方法,是指用机械风冷却,将刚出罐的鞋车立即推入一个封闭的冷却室,冷却室的上部设排风系统,下部设送风系统,通过送、排风系统,硫化烟气从房顶高处排空。把胶鞋的温度降低到 45℃以后,即可进行脱楦。

脱楦一般采用链式脱楦机。经过脱楦,成品鞋和鞋楦分别落入各自的运输装置。分楦后的鞋楦继续供成型工段使用,暂不使用的鞋楦送入楦库存放待用。成品鞋经配双、外观检验、小包装和大包装后入库。

(三)胶面胶鞋的生产方法

胶面胶鞋的品种也很多,现仅以一般穿用的辊筒底中统靴为例,简要介绍布料部件制备、胶料部件制备、胶鞋成型、硫化、成品检验及包装的生产方法及需用的设备。其生产工艺流程如图 3-34 所示。

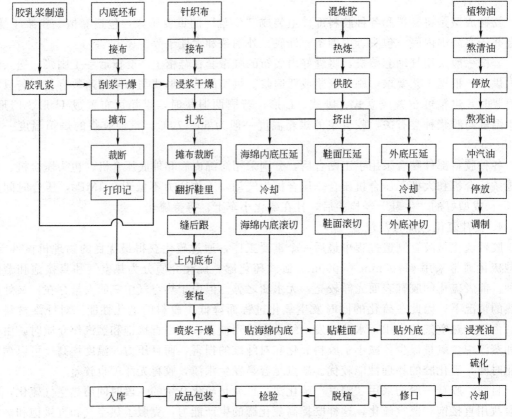

图 3-34 胶面胶鞋生产工艺流程

1. 胶料部件制备

胶料部件的制备主要包括鞋面、上口线、里后跟、前包头、海绵内底、外底的出型。

（1）鞋面、上口线、里后跟、前包头出型 为使胶面胶鞋的多种胶料部件规格化，提高产品质量，简化生产工序，提高劳动生产率，将鞋面、上口线、里后跟和前包头等多部件分别出型改为一次出型，这种方法是一种先进的生产工艺方法，并已被广泛采用。上述多部件出型通常采用挤出-压延工艺，由热炼→供胶→挤出→压延→滚切诸工序组成"一条龙"联动生产线。分别采用开炼机、挤出机、压延机、滚切装置。为了适应多品种、多规格的要求，压延采用五辊压延机或七辊压延机为宜。滚切装置也有多滚多刀平行排列和多滚多刀梅花形排列两种方式，后者占地面积小，适用于多品种、多规格产品的生产。

（2）外底、海绵内底出型 胶面胶鞋（辊筒底中统靴）的外底及海绵内底的出型分别与布面胶鞋滚筒外底及海绵内底出型相同，也采用热炼→供胶→挤出→压延→冷却→冲（滚）切等工序，此处不再赘述。

2. 亮油的制备

胶面胶鞋使用的亮油有黑色亮油和透明亮油两种。透明亮油制备比较简单，是按配方将树脂或用顺丁胶胶料与溶剂混合即可得到。黑色亮油制备较复杂，现简介如下。

（1）黑色亮油的熬煮 熬煮主要工艺是熬清油和加料熬煮，熬清油的目的是使油中所含蛋白、蜡质、磷质等其他杂质因受高温而沉淀析出。精炼后的清油不能立即使用，需在容器内停放两周以上，使沉淀物澄清。据试验，精炼清油 100kg 经停放两周后沉淀物高达 5～

5.5kg。对含有水分的清油，在升温时要稍慢些，但需加速搅拌，使水蒸气易于挥发。加料熬煮是将各种原料逐步分散均匀地加入，并不断加快搅拌，注意不能使熬料沉淀粘锅底而减弱其作用。在加入氧化铅时，需触及锅底搅拌。

（2）冲油　熬煮好的亮油不能直接使用，必须将其稀释后才能使用，也就是把熬煮好的料升温到250℃进行冲油。采用封闭式冲油设备，可以隔绝汽油与空气的接触，避免火灾和爆炸情况发生。设备还装有冷凝回收装置，可减少汽油等溶剂的损耗。冲油时边搅拌边加油，达到工艺条件后，放入密闭的储藏容器中存放。停放一定时间（一般3个月左右），经测定达到要求后则可使用。

3. 布料部件制备

胶面胶鞋布料部件的制备主要包括鞋里布的浸浆干燥、扎光、裁断、翻折里布，内底布的接布、刮浆干燥、裁断、打印记、缝内底（布）等加工工序。现分别叙述如下。

（1）鞋里布的浸浆干燥　鞋里布浸浆是将双面针织棉毛布的一面浸渍一层胶乳胶浆。浸浆量的多少与浸渍盘的直径、浸渍胶乳浆的深度及浸渍速度有关，一般100kg双面针织棉花布消耗胶乳浆量为5～6kg，浸渍时间为1h左右。浸渍后进行干燥，加热蒸汽压为0.4～0.5MPa。鞋里布浸浆采用圆筒浸渍胶乳浆工艺，该工艺质量稳定，生产效率高。在一台浸浆机上连续地完成浸浆、干燥两道工序。

（2）鞋里布的扎光、裁断和翻折鞋里布　鞋里布浸浆干燥后，即进行扎光处理，一般分两次进行。第一次扎光处理后的宽度比鞋里布套裁样板排列的宽度宽约100mm，停放1～2d，使其自然收缩，再进行第二次扎光处理，处理后的宽度比鞋里套裁样板排列宽度宽约15mm。经过二次扎光处理后，再停放1～2d，使其自然收缩，供裁剪使用。

鞋里布的裁剪一般采用电剪，裁剪层数为40～60层，劳动强度不大，生产效率很高。

翻折鞋里布是将浸渍过胶乳浆的一面翻折到里面，以便套楦后静电喷浆时，把胶乳浆喷到鞋里布的另一面，以增强鞋里布与鞋面之间的黏合强度。

（3）内底布加工　胶面胶鞋内底布的加工包括接布、刮浆、干燥、收缩处理等工序。其加工条件与布面胶鞋内底布相同。裁剪方法及选用的设备也与布面胶鞋相同，不予赘述。

（4）缝内底（布）　鞋里布和内底布裁剪后，按工艺要求将两者缝合在一起，以供套鞋里（套楦）和喷浆工序使用。若产品采用硬内底时，则先缝内底再翻折鞋里布；若产品采用海绵内底时，即先进行翻折鞋里，然后再缝合内底。

4. 套鞋里布喷浆及干燥

由于胶面胶鞋的鞋里布采用双面针织棉毛布，质地柔软，因此套鞋里布一般采用手工操作。套好鞋里布后便可进行喷涂胶乳浆，静电喷浆装置已被广泛采用，其优点是胶乳浆吸附均匀，且回浆少。喷浆后送入干燥室干燥，干燥加热采用间接蒸汽。干燥室的温度及干燥时间根据具体情况确定。一般将套鞋里布、喷浆、干燥三道工序用一条环形运输链连接成一条流水作业线，直至成型工段，干燥室（箱）就设置在喷浆与成型工段之间，以简化工序之间的运输过程，提高机械化程度，降低劳动强度。

5. 成型及浸亮油

成型包括贴海绵内底、贴鞋面（包括上口线、内包头、里后跟等部件）、贴外底等工序。在胶面胶鞋成型流水线上按先后顺序和工艺要求，将海绵内底、鞋面、外底贴合到套有鞋里布的鞋楦上，并分别利用相应的压合机压实、压牢。压合一般采用气动压合机，压缩空气的工作压力为0.4MPa。由于压合机的结构比较简单，通常由企业自制。

成型好的"生鞋"即可浸渍亮油，一般采用浸渍亮油联动装置，悬挂在运输链上的"生鞋"以一定的速度，通过一定深度的浸亮油槽，使"生鞋"的表面浸渍一层亮油，经过适当的时间晾干，便可挂于鞋车上，送至硫化工段硫化。

6. 硫化、检验及包装

硫化一般包括硫化、冷却、修口及脱楦等工序。一般采用卧式硫化罐硫化，加热有间接蒸汽和混气两种方式，间接蒸汽压为 0.35～0.45MPa，硫化温度为 134～138℃，混气加热时，一般在硫化开始时先通入一定压力的压缩空气。用间接蒸汽加热 15～20min 后，再向罐内通入直接蒸汽，直接蒸汽压为 0.3～0.4MPa。

硫化结束后，胶鞋便可出罐冷却，冷却方式一般为强制风冷，即将硫化鞋车送入封闭的冷却室内，冷却室内设送排风系统，不仅可缩短冷却时间，减少冷却占地面积，同时可使剩余的硫化烟气和余热通过排风管道排至车间外高于屋顶 1～3m 的大气中，以保证车间操作人员的身体健康。

胶鞋冷却至 45℃以后，即进行修口及脱楦。修口采用修口机。脱楦一般采用链式脱楦装置，其优点是实现了胶鞋脱楦后，鞋楦不下运输链，相继进入套鞋里工段套里布，较好地解决了脱楦过程中的噪声污染问题。

链式脱楦装置由一条封闭的环形运输链和脱楦机构组成，它将修口、脱楦、套鞋里三道工序连接成一条流水作业线。脱楦后，鞋楦继续挂在运输链上，被送至套鞋里工序供套鞋里用。更换品种规格时，在套鞋里之前将暂不生产的规格从运输链上取下，把要生产的规格套上鞋里，挂到运输链上。脱楦后的成品鞋落入包装输送带上，经配双、外观检查后，进行小包装、大包装。小包装采用手工，大包装有半机械包装和自动包装两种方式。大包装后，成品入库。

（四）橡塑鞋的生产方法

橡塑鞋也称冷粘鞋或注塑鞋，是近十几年发展起来的新鞋种，鞋底采用橡塑并用或热塑性弹性体新材料，集中了橡胶和塑料两种材料的优良性能，克服了单独使用的缺点。橡塑鞋的新结构既集中了胶鞋、布鞋、皮鞋和塑料鞋的优点，又具有自身的特点。橡塑鞋的新工艺有冷粘法、注塑法和浇注法等，其中，冷粘法的应用最为广泛，其优点是工艺设备简单，机械化程度高，适合生产中、高档的橡塑鞋。花色品种变化快，对市场的应变能力强，因而在国内外发展很快。发展橡塑鞋的关键是解决好胶黏剂和鞋帮材料问题。

目前，冷粘法生产的橡塑鞋主要有凉鞋、拖鞋、旅游鞋、便鞋和防滑鞋，具有穿着轻便、舒适、柔软、弹性好等优点。其中，旅游鞋是根据现代运动生理学和人体工程学的原理设计制造的，有优良的耐冲击力、吸震性和弹性，造型别致，穿着轻盈、舒适，因此，人们最爱穿用。旅游鞋的花色品种很多，其结构设计及部件组成不完全相同，生产方法也不尽一致。下面以一般旅游鞋为例，简要叙述其生产方法。冷粘法旅游鞋的生产工艺流程如图3-35所示。

冷粘法旅游鞋的生产工艺主要包括中底和外底制备、鞋帮部件加工、内底制备、套楦绷帮、成型压合、脱楦、修整、检验、包装、入库。

因中底和外底为橡塑并用材料，而橡塑并用与橡胶胶料生产不同，具体介绍如下。

1. 橡塑共混简介

橡塑并用在加工上也叫橡塑共混，其目的是使橡胶和塑料两种高聚物共混并互相改性成为多相均一状态，并使各种配合剂均匀分散在橡塑并用体系中，以得到质量好的胶料。共混

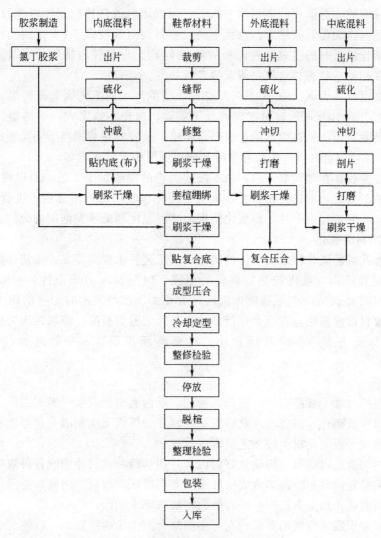

图 3-35　冷粘法旅游鞋生产工艺流程

工艺主要是研究橡胶与塑料黏度，配合剂本身分散难易，添加顺序，塑混炼的温度、时间、填料量等。

　　橡胶与塑料结晶性相差很大，天然橡胶的结晶熔点为 28℃，高压聚乙烯为 105℃，这就是塑料比橡胶强度高的原因。结晶性愈大，分子间的引力就愈大，则分子链的运动移动和扩散就愈困难，但是在加工温度高于塑料软化点时，结晶性几乎消失，使得橡胶与塑料可以互溶。经过适当升温加工，使原来非相容性的高聚物成为具有良好工艺相容性的高聚物，这种工艺相容性对产品性能影响很大，这可视为强制混合过程。

　　当共混温度低于塑料软化点时，塑料是以大分子集团分布在橡胶中，体系是一个多相不均一分散状态，制品性能低劣，而塑混炼温度高于塑料软化点时，塑料处于熔融黏流状态，结晶性消失，分子间吸引力最小，整个链段产生移动，塑混炼的机械作用力可使塑料和橡胶分子互相扩散，混合物成为一个多相均一体系，此时塑料为连续相，橡胶为分散相，其性能大大优于橡胶与塑料单体。

　　若以橡胶改性塑料，即以塑料为主，则塑混炼时的温度一定要高于塑料软化点，使塑料成为连续相、橡胶成为分散相的多相均一体系；而以塑料改性橡胶（即以橡胶为主体），塑混炼时就得将塑料作为母炼胶加入。也就是说，塑料先与橡胶以 1∶1 比例先行共混，因为橡胶与塑料掺用比接近时易生成结构疏松的海-海结构。母炼胶与橡胶共混时，塑料就能较好地分散成为多相均一状态，这就是所谓的二阶共混。

目前橡塑共混设备为 X（S）K 系列开炼机，塑混炼主要工艺因素是辊温。应严格控制在塑料软化点之上约 10℃，后辊温度应稍低于前辊。速比不宜太大，不然塑料在熔融的状态下胶料容易黏附后辊（转速快）而造成操作困难。装胶容量约相当于同类型机台塑炼生胶时装胶容量的 1/2，容量太大，橡胶容易冷却而造成混炼分散不均匀。

以塑料改性橡胶，在塑料混入后，基本按前面讲的橡胶加工工艺。而以橡胶改性塑料，则要以塑料的加工工艺，即先将树脂在开炼机上塑化包辊后加入塑炼胶，进行翻炼、薄通，加其他配合剂，共混均匀后下片，待硫化使用。共混温度要低于发泡剂的分解温度。

2. 橡塑并用料的硫化

橡塑并用微孔胶的硫化较之实心体的硫化，其工艺要求要高得多，橡塑并用要使之成为柔软、轻便的微孔结构，就得控制好硫化的温度、时间和压力等条件，一般硫化温度为 156～186℃，时间大于 5min，平板硫化机的压力要大于胶料发泡时产生的压力，开模松压时，经交联的胶料即能膨胀，若压力过低，使制品起大泡而报废。施加的压力要视模具的大小而定，大模具压力大，小模具压力小。对模具面积而言，一般施加的压力应不小于 7.8MPa。

3. 内底制备

内底制备包括内底半成品出片、硫化、冲切、贴内底布、刷浆干燥等工序。

（1）内底出片及硫化　内底出片是将内底混料在开炼机上压制成一定厚度和宽度的内底片半成品，以便在平板硫化机上按工艺要求进行硫化。

（2）内底冲切及贴内底布　将硫化好的内底片用切模冲裁机冲切成各种规格的内底，然后用手工刷浆并贴好内底布。冲切内底一般采用龙门液压下料机。内底布是预先经过一系列加工处理后裁切而成，加工方法与布面胶鞋的内底布基本相同。

（3）内底刷浆干燥　内底贴布后，在与中底结合面上涂刷胶黏剂，以便与中底牢固地黏合在一起。涂刷胶黏剂采用手工操作。干燥一般采用烘干箱，烘干温度为 45～55℃，干燥时间一般为 5～8min，视实际情况而定。

4. 中底制备

中底制备包括中底半成品出片、硫化、冲切、剖片、打磨等工序。

（1）出片及硫化　中底出片通常采用开炼机，将中底混料压制成一定厚度和宽度的片材，再按工艺要求的温度、压力，经过一定时间的加热，使中底材料产生交联，形成密度小、弹性好的海绵发泡体，并达到规定的物理机械性能。硫化设备一般采用多层平板硫化机。加热通常采用蒸汽，蒸汽压一般为 0.55～0.65MPa，硫化时间为 18～35min。

（2）中底冲切及剖片　硫化好的中底片材，分别采用龙门液压下料机和切片机裁切成一定形状并带有一定坡度的各种内底半成品，待下道工序使用。

（3）中底打磨　裁切好的中底半成品，按工艺要求磨制成一定形状和外形尺寸的中底。磨削中底通常选用起毛机。

5. 外底（大底）制备

外底制备包括外底半成品出片、硫化、冲切、打磨等工序，其加工方法及选用设备与中底制备基本相同。

6. 复合底制备

"复合底"是由内密度小、弹性好的橡塑并用海绵中底和耐磨性、防滑性好的橡胶外底及黏合剂组成。采用这种复合形式，使成品鞋具有质地轻、减震性好的优点，可以缓冲后跟部来自地面的冲击力，避免膝、腰部受到损伤，并减轻对大脑的震动。

复合底制备是将打磨除尘后的中底和外底，在组合成型之前先用胶黏剂黏合在一起，供成型用。复合底的关键是胶黏剂的选择和黏合工艺。

胶黏剂主要有氯丁橡胶类和聚氨酯类，其溶剂分为甲苯、汽油、乙酸乙酯和丙酮等。使用氯丁橡胶类胶黏剂时，以甲苯为溶剂一般加入 3%～5% 的列克纳固化剂；若相对湿度超过 90% 时，则加入 11%～13% 的列克纳固化剂。

中底和外底分别涂刷胶黏剂后，一对一地放入烘箱内进行烘干。干燥温度与室温和相对湿度有一定的关系：当室温为 25～20℃ 时，干燥温度为 50～55℃，即干燥温度与室温成反比例关系；当室温高于 25℃ 时，适当降低干燥温度；当室温低于 20℃ 时，则适当提高干燥温度。相对湿度以 40%～60% 为宜，当相对湿度超过 80% 时，干燥温度应适当提高，一般提高 5℃ 以上。干燥时间视实际情况而定，一般以表面呈微黏性时，即可将外底和中底贴合在一起。并即刻压实，一般不超过 3min 为宜。压力不低于 0.3MPa，压合时间不少于 10s。复合底压合后，待组合成型用。

7. 鞋帮部件加工

冷粘法旅游鞋的帮材除使用天然纤维（棉、毛、麻、丝）织物外，还广泛选用尼龙、猪绒革、合成革、人造革及天然革等。上述鞋帮材料的预处理，一般均在原材料加工厂内进行。胶鞋厂的鞋帮部件加工是从裁剪工序开始，所以冷粘法旅游鞋的鞋帮部件加工一般比布面胶鞋简单些。

（1）裁剪 鞋帮部件裁剪前，首先根据工艺要求和规格进行选料，颜色、厚度要一致。材料选好后进行鞋帮部件的裁剪。裁剪有裁切和套裁两种方法。

裁切可分为裁断机刀模冲切、电剪裁切、手工刀剪三种方法。裁断机刀模冲切的方法，帮片大小基本符合样板，但刀模的高度要有统一的规定，以便套裁排料时操作简便。冲切层数不能太多，一般帆布帮片为 4～8 层，中底布为 8～10 层，PVC 人造革为 8 层，视材料厚度和滑动情况确定。该方法适用于大批量生产，生产效率高，但材料利用率低，单耗较高。电剪裁切是采用多批多层的套裁法，优点是单耗低，材料利用率高，成本低，缺点是生产效率低，质量较差。该法适用于新产品的中批量生产，投产快，可节约时间。手工刀剪方法的优点是单耗低，材料利用率很高，缺点是工作效率低，劳动强度大，质量差。

套裁分为平行排刀和梯形排刀两种方法。平行排刀法的优点是操作简便，但排刀不紧密时，边角料多，浪费大，材料利用率低，成本高。梯形排刀法的优点是排刀紧密，有效使用面积大，布料的利用高，单耗和成本低，缺点是布的回拉困难。

以上几种方法，可根据具体情况选用。裁切出各种鞋帮部件后，按照规定的位置盖印鞋号等标记。冲切一般选用龙门液压下料机。

（2）鞋里黏合 将裁切的鞋里和鞋面用胶黏剂黏合在一起，待下道工序使用。

（3）划标准点、线 按鞋帮设计要求在鞋帮上划好各种标准点和标准线，以便缝帮工序按标准要求缝制各种鞋帮部件和装饰部件。

（4）缝制鞋帮 按工艺要求缝制装饰部件，拼缝前头和后跟、沿口条、鞋眼衬垫、鞋舌，冲上鞋眼，锁边。锁边时将一定长度的拉帮绳埋缝在帮脚处，以便套楦绷帮操作。

8. 成型、检验及包装

成型包括内帮脚刷浆干燥、组合套楦、绷帮（包括绷前帮、腰窝和后帮）、复合底结合面刷浆干燥、鞋帮与复合底贴合并压实、冷定型、脱楦等工序，一般在一条流水作业线上按工艺顺序连续完成。

首先，将内帮脚刷浆干燥后的鞋帮套上鞋楦，装上内底，并依次在绷前帮机、绷腰窝机和绷后帮机上绷帮，再用削褶机将帮褶削平。同时，分别将鞋帮和复合底的结合面刷浆并干燥，热定型。然后，再将鞋帮与复合底贴合在一起，先后通过压合机和液顶机进行前后和上下压合。冷却定型后，停放 24h 以上即可脱楦。

脱楦后的成品鞋，经过整修、外观质量检验，合格产品即可进行小包装、大包装入库。

（五）模压鞋和注压鞋简介

模压法生产胶鞋是近年来发展较快的一种制造方法，这种方法大大简化了生产工艺，提高了胶鞋的耐磨性能和穿用寿命，扩大了合成橡胶的使用范围，且设备易于拆迁。模压胶鞋的设计原则与粘制法胶鞋基本相同，但模压胶鞋大都采用活海绵。配方设计中促进剂要选择活性较大的品种，一般采用一定量的促进剂 TMTD，促进剂总用量较粘制法胶鞋高 30%以上。

注压胶鞋生产是近年来试验成功并已开始工业化生产的一种新工艺，是将塑化机构、注压机构、硫化机构组合而成的一个设备。采用注压工艺大大简化了生产流程，省去了压出、压延、冲切、成型等 40 余道工序，使胶鞋生产实现了机械化、自动化。采用注压工艺减少了大量辅助设备和辅助材料，而且使厂房面积较采用粘制法减少了约 50%。采用注压工艺还可以广泛应用各种胶料，特别是可全部使用合成橡胶制造各种劳动保护鞋，工艺上更为先进。不足之处是设备造价较高，花式品种比较单一，底和面或底和条目前只能使用一种胶料，很难满足各方面的使用要求。同时，模具加工也比较困难。

（六）胶鞋车间工艺布置要点

胶鞋的种类不同，生产方法不一样，车间工艺布置也各有特色。下面按不同种类胶鞋生产工艺特点，介绍布面胶鞋车间、胶面胶鞋车间和橡塑鞋车间的工艺布置要点。

1. 布面胶鞋车间的工艺布置要点

布面胶鞋车间一般包括外底、海绵内底、围条、包头、大梗子等胶制部件出型工段，胶鞋成型工段，硫化及包装工段等。鞋帮部件加工及鞋帮缝制，一般另设加工车间或厂外加工。

布面胶鞋的生产最好布置在一个独立的单层大厂房内，其优点是单位建筑面积造价低，厂房投资省，各工段之间半成品运输均处在一个平面上，运输及各工段之间的联系比较方便。缺点是厂房占地面积大。在有条件的地方，采用单层厂房为宜，例如新建胶鞋厂。

当建设场地受限制时，布面胶鞋的生产也可以布置在一个多层厂房内，其优点是厂房占地面积小，节约用地。缺点是厂房单位面积造价比较高，各工序之间的半成品运输需设置垂直运输设备，各工段之间的联系也不方便。

具体设计时，可根据建设场地的实际情况确定采用何种形式。但是，无论采用前者还是后者，厂房的平面外形布置"一"字形，南北朝向为宜，以便于配合厂区总平面布置，避免车间东西晒。

（1）单层厂房的工艺布置要点　按照胶制部件出型、胶鞋生产线的工艺流向，单层厂房的工艺布置以纵向布置为宜（生产线的工艺流向与厂房的长度方向一致）。其优点是工艺流程顺，各工段之间半成品运输距离短，相互联系密切、方便。尤其是对年产 1000 万双的胶鞋车间更为合理。缺点是脱楦工序与套楦工序距离较远，鞋楦的运输距离较长，需配备专门运输人员或运输装置。布置的要点有以下几点。

① 厂房的柱网以 6m×18m 或 12m×18m，厂房宽度以 36m 为宜。厂房过宽会影响自然通风和自然采光的效果。厂房高度 6～7m，视建厂地区的气候条件而定。工艺布置按生产顺序由厂房的一端至另一端，依次布置出型工段、成型工段、硫化及包装工段。出型工段应靠近炼胶车间，成型工段应靠近鞋帮加工车间和楦库，硫化及包装工段应靠近成品仓库和锅炉房。

② 在靠近出型工段厂房的一端或出型与成型工段之间设置车间生活室及辅助设施为宜。如车间办公室、更衣室、厕所、变配电室、保全室、通风机室等。一般增设夹层，以充分利用空间，节约占地面积。

③ 车间内部应留有半成品运输及安全疏散通道，主通道的宽度为 2.5～3.0m。

④ 车间内部应留有足够的半成品、鞋车和包装材料及成品鞋暂时存放的空间。如出型工段混炼胶的存放面积，至少可以储存一个班的用量。若出型工段和成型工段均为两班制生产，则出型工段半成品的存放量至少为成型工段半个班的用量；若出型工段为一班制，而成型工段为两班制生产，则出型工段半成品的存放量至少能满足成型工段一个半班的用量。

⑤ 胶制部件出型后，送保温室保温，室温一般为 30℃。若外底胶料中掺用较多的丁苯橡胶时，应适当提高保温室的温度，一般为 45～50℃，以提高外底的黏性和柔软性，保证产品质量。由于胶制部件的存放器具较多，管理易造成车间零乱，半成品存放与保温室结合起来统一考虑比较理想，以使车间内整齐、美观。

⑥ 外底、海绵内底胶片冷却装置的布置多种多样，主要有地面、架空和地下三种布置方式。地面布置的优点是设备的安装及检修方便，胶片冷却条件较好，缺点是设备的占地面积大。架空布置的优点是胶片冷却装置可以与冲（滚）切机立体安装，充分利用空间，节约占地面积，冷却条件较好，缺点是设备安装及检修不如前者方便，且影响车间内的整齐、美观。地下布置的优点是胶片冷却装置也可与冲（滚）切机立体安装，节约厂房占地面积，车间内部比较整齐、美观，设备安装及检修条件不如地面布置方便，但优于架空布置，缺点是胶片冷却条件不如地面和架空布置好。综合分析，以地下布置为宜，如图3-36 所示。

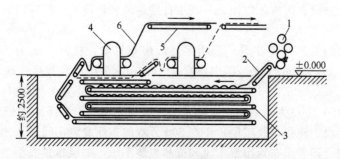

图 3-36　胶片冷却装置地下布置

1—五辊压延机；2—外底胶片；3—胶片冷却装置；4—冲切机；5—架空输送带；6—返回胶条

⑦ 成型烘箱的工艺布置也有地下布置、地面布置和架空布置三种方式。各自的优、缺

点与胶片冷却装置基本相同，以地下布置为宜。若工艺要求胶鞋成型刷一遍浆时，烘干箱的纵断面设计成 L 形；若为刷二遍浆时，则烘箱的纵断面设计成 U 形，如图 3-37 所示。

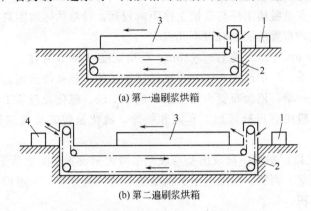

(a) 第一遍刷浆烘箱

(b) 第二遍刷浆烘箱

图 3-37　成型烘箱地下布置
1—第一遍刷浆工作台；2—刷浆烘箱；3—成型工作台；4—第二遍刷浆工作台

⑧ 缝内底布工序有两种工艺布置方案。a. 将缝内底布工序布置在缝帮车间，优点是缝纫工序集中布置在一起，便于同类设备的统一布置、检修和管理；缺点是与成型工段的联系不方便，配合不密切，质量信息反馈慢。同时，鞋帮缝制内底布后，体积大，运输量增加。b. 缝内布与成型组成生产线，优点是与成型工段联系密切，质量信息反馈快，便于管理，鞋帮与内底布缝合在一起之前，各自的体积小，运输方便。因此，内底布缝制与成型组成一条生产线为宜。

⑨ 布面胶鞋生产过程中，脱楦及鞋楦储运所产生的噪声，若处理不好，会对生产环境造成严重的污染。工艺布置中降低噪声的途径有三点，一是减小脱楦和分楦操作过程中鞋楦的落差，并使其分别降落到橡胶输送带上和带隔音装置的楦车内，以减轻噪声的强度；二是将脱楦和分楦工序布置在一个封闭的房间内，并设隔音装置，以防止噪声的扩散，缩小鞋楦噪声影响的范围；三是提高分楦工序的自动化水平，从脱楦装置的设计到生产计划管理等方面实施自动脱楦、分楦，并使鞋楦自动落入隔音箱内的楦车里，以消除鞋楦噪声对生产环境的污染。通过上述综合治理，预期可以达到较好的效果。较彻底的解决办法是改变鞋楦的材质，如利用非金属材料制造鞋楦就是途径之一。

成品鞋的冷却应布置在一个封闭的房间内，集中排除剩余的硫化烟气，以减少对车间内的污染。硫化罐上方设立天窗，以便充分利用自然通风和热压差，将罐内的硫化烟气排至车间外高于屋顶 1～3m 的大气中。

(2) 多层厂房的工艺布置要点　采用多层厂房布置时，柱网一般为 6m×9m 或 6m×10m，厂房宽度以 27～30m 为宜。厂房层高 6～6.6m。多层厂房按生产线布置，其工艺布置要点如下。

① 年产 500 万～1000 万双的布面胶鞋车间，按工艺流程，自下而上依次布置胶制部件出型工段、成型工段、硫化包装工段；年产 500 万双的布面胶鞋车间，工艺流程可布置成竖向为"门"形方案，即一层布置出型工段和成品包装工段，二层布置成型工段和硫化工段。

② 外底、海绵内底胶片冷却装置的布置有三种形式，即地下布置、架空布置（或悬挂在二层楼板下面）和夹层布置。前两种工艺布置的优缺点与单层厂房布置相同。夹层布置时，冲（滚）切机与胶片冷却装置均布置在夹层内。外底和海绵内底半成品存放及保温也同

时布置在夹层内，以使出型工段整齐、美观。在条件允许的情况下，以夹层布置为宜。如图3-38所示。

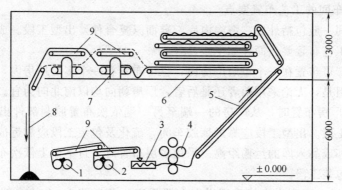

图 3-38 胶片冷却装置夹层布置

1—热炼机；2—供胶机；3—挤出机；4—五辊压延机；5—外底胶片；

6—胶片冷却装置；7—冲切机；8—返回胶条；9—架空输送带

③ 成型工段的刷浆烘箱也有三种布置方式，即架空布置（包括立式烘箱）、悬挂布置（悬挂在成型工段楼板下面）和夹层布置（在成型工段楼板下设夹层）。前两种方式的优点是节约厂房面积，节省厂房投资；缺点是设备安装及检修不太方便，车间内的通风、采光、整齐、美观均受到一定的影响。在条件允许的情况下，以夹层布置为宜。成型采用一遍刷浆工艺时，烘箱设计成 L 形，如图 3-39 所示；采用两遍刷浆工艺时，烘箱设计成 U 形，刷浆烘箱布置与单层厂房布置相同。

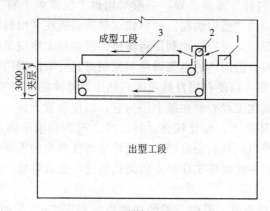

图 3-39 成型刷浆烘箱夹层布置

1—刷浆工作台；2—刷浆烘箱；3—成型工作台

④ 布面胶鞋生产过程中，半成品存放板和鞋楦的数量很多，要有相应的存放面积，而且需要加强管理。将胶制部件存放板和鞋楦分别存放在胶片冷却装置和成型刷浆烘箱的夹层内为宜。

⑤ 硫化设备较大较重，宜布置在一层平房车间，并在其房顶相应位置设置天窗。若采用多层结构，则在底层应设置排烟道。

⑥ 车间内部应留有半成品运输及安全疏散通道，主通道的宽度以 2.5～3.0m 为宜。

⑦ 在车间的一端或两端布置生活室（办公室、更衣室、厕所、妇女卫生间、浴室等）

和辅助设施（变电所、保全室、通风机室、自动控制室、楼梯、电梯等）。为了充分利用空间，节约占地面积，车间的一端或两端均可设置夹层，布置以上的生活室和辅助设施。

2. 胶面胶鞋车间的工艺布置要点

胶面胶鞋车间一般包括外底、海绵内底、鞋面（复合件）出型工段、成型工段、硫化及包装工段。车间工艺布置要点简述如下。

胶面胶鞋生产可布置在一个单层厂房内，也可布置在一个多层厂房内，根据建设场地的具体情况确定。但是，无论采用前者还是后者，厂房朝向均以南北向为宜。

① 采用单层厂房布置时，从厂房的一端至另一端依次布置胶制部件出型工段、成型工段、硫化及包装工段。出型工段应靠近炼胶车间，硫化及包装工段应靠近成品仓库，以缩短胶料半成品供应和成品入库的运输距离。采用多层布置时，自下而上依次布置出型工段、成型工段、硫化及包装工段。

② 鞋面出型线、成型生产线采用纵向布置为宜。两者按 1∶1 的比例配备，且流水线的方向应一致，特别是生产规模较大的胶面胶鞋车间（如年产 500 万双以上），更应如此布置。

③ 单层厂房布置时，厂房柱网一般采用 6m×15m 或 12m×15m；多层厂房布置时，厂房柱网一般采用 6m×8m。厂房宽度 32m，厂房高度一般为 6.0～6.6m。

④ 胶面胶鞋的外底、海绵内底出型线的工艺布置要点与布面胶鞋的相同。由于胶面胶鞋的鞋面和鞋楦均可采用运输链运输，工序之间能够实现较高的联动化运输，因此，在工艺布置时，不仅应重视工艺布置的合理性，而且还要照顾到联动化运输的合理配置和合理的运输路线。只有两者密切配合，才能设计出比较理想的工艺布置方案。

⑤ 静电喷浆后的"白鞋"需要干燥，一般采用烘干室或烘干箱。如果喷浆工序与成型工段的距离较远时，可采用"空中烘箱"的形式（烘箱设置在"白鞋"运输过程中），这样，既可节约烘箱的占地面积，又可有效地利用运输链。浸亮油工序应单独布置在一个封闭的房间内，以便采取通风措施。房间内的电气设备和照明灯具应有防爆措施。

⑥ 硫化工段应设天窗，以便利用自然通风和热压差排除硫化烟气，实践证明效果较好。若采用多层厂房布置，硫化工段布置在最上层为宜，以便设置天窗。

⑦ 胶面胶鞋的鞋楦体积大，也比较重，各工序之间若利用车辆运输，不仅效率低，车辆往返频繁，还会产生噪声，是胶面胶鞋车间设计中需要解决的重要问题之一。在工艺布置时，为使鞋楦在生产过程中除操作工序外不脱离运输链，采取鞋楦"跳链"的方法是有效地解决上述问题的途径之一。

⑧ 流水线经过车间通道时，鞋楦下沿的净高度应高于 2m。车间的生活室及辅助设施，布置在车间的一端或两端为宜。为节约占地面积，一般设置夹层。

3. 冷粘旅游鞋车间的工艺布置

冷粘旅游鞋车间一般包括内底、中底、外底制备，复合底压合，成型，成品包装等工序。橡塑混炼和鞋帮加工，一般单独设立车间或加工工段。生产工艺布置可采用单层厂房，也可采用多层厂房，视建设场地的具体情况而定。冷粘旅游鞋车间的工艺布置要点简述如下。

（1）单层厂房工艺布置要点

① 厂房的平面外形，一般布置成"一"字形，南北朝向为宜。按工艺流程顺序从厂房的一端至另一端依次布置内底、中底和外底（总称"鞋底"，下同）制备、成型、成品检验

及包装。鞋底硫化应布置在靠近橡塑混炼和出片车间。成型及包装应分别靠近鞋帮车间和成品仓库，以缩短半成品供应和成品入库的运输距离。

② 厂房柱网可选用 6m×12m、6m×15m、6m×18m 或 12m×12m、12m×15m、12m×18m。厂房高度一般为 6.0～6.5m。

③ 鞋底硫化、冲裁、打磨、刷浆干燥等同类加工设备，应分别布置在一起，使车间整齐、美观，也便于统一管理。

④ 鞋底刷浆干燥烘箱，一般布置成 L 形地下式，以节约设备占地面积，车间也显得整齐、美观。与布面胶鞋车间基本相同。

⑤ 冷粘旅游鞋的成型线的长度一般均在 30m 以上，多采用纵向布置。横向布置会使厂房过宽，影响车间的自然通风和自然采光的效果。工艺流程也不顺畅。

⑥ 车间内部各工序之间应留出足够的半成品和成品的存放面积。例如，复合底压合后需停放 24h 才能打磨，成品鞋冷定型后 24h 才能脱楦。因此，存放面积需要存放 1d 的用量和产量。

⑦ 车间内必须留出半成品运输和安全疏散通道，主通道宽为 2～2.5m。车间的生活室及辅助设置通常布置在厂房两端，尽量避免布置在厂房两侧，以免影响自然通风和自然采光的效果。

（2）多层厂房工艺布置要点

① 厂房以布置成"一"字形，南北朝向，二层结构为宜。一层布置鞋底加工设备，二层布置成型线、成品检验及包装。

② 鞋底制备用的平板硫化机、冲裁机、打磨机、刷浆烘箱等同类设备，应分别集中布置在一起，以使车间整齐、美观，便于统一管理。刷浆烘箱通常布置成地下式，以节约占地面积，车间也整齐、美观。

③ 厂房柱网一般采用 6m×9m，厂房高度为 6.0～6.6m。厂房宽度通常为 27m，视具体情况而定。

④ 各工序之间应留出足够的半成品和成品的存放面积，存放面积的大小同单层厂房布置。

⑤ 车间内部应留出半成品运输及疏散通道，宽度一般为 2～2.5m。成型生产线采用纵向布置，尽量避免横向布置，以免使厂房过宽，影响自然通风和自然采光的效果。生活室及辅助设施应布置在厂房一端或两端，并应设置夹层，充分利用空间，节约占地面积。

⑥ 如果建设场地长度方向受限制（例如 50m 以下），生产规模又较大时，冷粘旅游鞋的生产也可布置成三层或四层厂房，自上而下依次布置鞋底硫化工段、打磨除尘及刷浆干燥工段、成型工段、成品检验及包装工段。使硫化工段处在厂房最高层，便于设置天窗，充分利用自然通风及热压差排除硫化烟气。

自测题

1. 橡胶配炼车间包括哪些主要工序？配合剂在什么情况下需要补充加工？胶料与配合剂的称量有几种方法，各有何特点？

2. 什么情况下需要生胶塑炼？塑炼方法有几种？各有何特点？

3. 胶料的混炼有几种方法？在什么情况下需要二段或多段混炼？

4. 什么情况下需要滤胶？滤胶机有几种布置方式？

5. 塑炼胶和混炼胶的快检项目有哪些？主要有哪些仪器设备？

6. 橡胶配炼车间工艺布置要点如何？

7. 外胎胎面普遍采用什么生产工艺？按其结构不同，胎面的制造主要有哪两种挤出方法？各有何特点？

8. 外胎纤维帘布挂胶通常使用什么设备？钢丝帘布挂胶有几种方法？各有何特点？

9. 斜交轮胎的成型有几种方法？子午线轮胎的成型有几种方法，各有何特点？

10. 外胎硫化主要采用什么设备硫化？如何进行外胎成品检验？

11. 轮胎内胎制造主要有哪些工序？

12. 轮胎车间的总体布置要点、压延与挤出工段的布置要点、裁断与成型工段的布置要点，外胎硫化与成品检验工段的布置要点，内胎与垫带工段的布置要点如何？

13. 力车胎外胎生产有哪些主要工序？

14. 力车内胎的生产有哪些主要工序？

15. 力车胎车间工艺布置要点如何？

16. 普通输送带帆布挂胶和覆盖胶压制采用什么设备？挂胶方法有哪几种？硫化采用什么设备？一般硫化条件如何？

17. 平型传动带的生产工艺各有哪些主要工序？

18. 帘布结构普通 V 带、线绳结构普通 V 带和风扇带的生产工艺各有哪些主要工序？

19. 帘布结构 V 带成型有几种方法？各适用什么型号和规格的带子？有几种硫化方法？各特点如何？

20. 线绳结构 V 带和风扇带的硫化方法有几种？各有何特点？

21. 普通输送带生产线的工艺布置要点，V 带生产线的工艺布置要点如何？

22. 夹布胶有哪些主要生产工序（耐压胶管和吸引胶管）？

23. 棉线编织胶管和钢丝编织胶管有哪些主要生产工序？

24. 棉线编织胶管的成型和硫化各有几种方法？各方法特点如何？

25. 钢丝编织胶管的成型和硫化各有几种方法？各方法特点如何？

26. 缠绕胶管有几种生产方法？各有何特点？

27. 胶管车间工艺布置要点如何？

28. 布面胶鞋布料部件制备、胶料部件制备、胶鞋成型有哪些主要工序？

29. 布面胶鞋硫化使用什么设备？按加热介质不同有几种硫化方法？各有何特点？

30. 胶面胶鞋布料部件制备、胶料部件制备、胶鞋成型有哪些主要工序？如何制备亮油和浸亮油？

31. 哪些鞋属橡塑鞋？橡塑鞋与一般胶鞋相比有何特点？其生产方法有几种？哪种方法最常用？该种方法有何特点？

32. 橡塑鞋胶料制备与普通胶料的制备有何不同？内底和中底的制备有哪些主要工序？复合底如何制备，关键技术是什么？

33. 布面胶鞋、胶面胶鞋和冷粘旅游鞋车间的工艺布置要点如何？

项目二　塑料制品厂典型车间工艺设计与布置（拓展）

【项目导言】　项目来源于对塑料制品厂典型车间工艺设计与布置共性分析与总结，学习者可以结合所参观实习的塑料制品厂情况学习项目的相关内容。

【学习目标】　能运用在塑料制品厂实践活动中所积累的资料，总结、归纳塑料的混合、挤出、注塑典型生产工艺和生产布置要点，通过各项目任务的学习，提高对塑料制品生产车间的深入认识，即塑料生产车间不仅包括生产流水线和生产设备，还包括成品半成品存放、车间运输、水电汽配备、采光通风、机修保全、生活设施等，逐步形成"车间系统的概念"，提高在塑料车间生产操作、生产管理和技术管理工作过程中分析问题和解决问题的素质与能力。

【项目任务】　共分四个项目任务，分别为塑料配制车间的工艺设计与布置、挤出成型车间工艺设计与布置、注塑车间工艺设计与布置、塑料车间非工艺设计简介。

【项目验收标准】　结合塑料配制车间、挤出车间、注塑车间平面布置图，采用提问方式检验学习者对塑料配制车间、挤出车间和注塑车间工艺设计与布置的要点的了解情况。

【工作任务】　分述如下。

不同的塑料制品其生产加工方法不同，相应的生产车间工艺设计与布置也不同。塑料制品品种繁多，形态各异，制品的分类方法也有多种，一般来说有以下三种分类方法。

（1）按成型加工方法分类　可分为挤出、注塑、中空、模压、压延、搪塑、浇铸、发泡塑料制品等。

（2）按塑料品种分类　可分为聚乙烯、聚丙烯、聚氯乙烯、聚苯乙烯、酚醛、氨基塑料制品等。

（3）按塑料制品几何形状分类　可分为管、膜、板、片、丝、带、袋、人造革、塑料建材、泡沫塑料、塑料容器、塑料鞋、电线、塑料工业零件、日用塑料制品、工艺美术塑料制品、文教塑料制品等。

本教材从塑料制品的成型加工分类方面，介绍塑料制品生产车间工艺设计与布置有关问题，考虑到塑料制品的成型加工方法较多，并且在《塑料成型》、《塑料基本加工工艺》等课程中已对塑料生产进行了学习，所以本教材仅从塑料制品生产车间工艺设计与布置角度介绍塑料配制、挤出和注塑成型车间的工艺设计与布置问题。

一、塑料配制车间工艺设计与布置

1. 配制车间的生产工艺

在塑料制品的生产中，只有少数几种聚合物可单独使用，而大部分聚合物必须和其他物料混合，进行配料后才能用于成型加工。工业上用作成型的塑料有粉料、粒料、溶液和分散体等多种。不管哪一种状态的物料，一般都不是单独的聚合物（合成树脂），或多或少都加有各种助剂（添加剂）。粉料和粒料在生产上使用的较多，而溶液和分散体只在流延法薄膜、某些注塑产品和涂层类制品等方面使用。溶液和分散体的配制一般为溶解过程和配制悬浮液的过程，在此不赘述。

塑料配制采用混合方法，使其形成一种均匀的复合物。工业上一般把混合、捏合、塑炼统称为混合过程。混合主要指固体状粉料的混合；捏合主要指固体状粉料（或纤维状）和液体物料的浸渍与混合；塑炼主要指塑性物料与液体状物料或固体状物料的混合。根据塑料成型方法及制品的特点等需要，塑料配制可采用不同的工艺过程。采用粉料、粒料或其他状态的原材料，塑料配制的区别主要表现在混合、塑化和细分程度的不同。

原料的配制包括原料的准备和原料的混合两个过程。原料的混合主要指粉料的混合配制和粒料的混合配制。

（1）原料的准备　原料的准备主要有原料的预处理、称量、原料的输送等工序。

原料预处理主要有干燥、吸磁和除去杂质等。主要目的是保证材料的质量。

现在塑料原材料的预处理一般已在供应单位进行，进货时原料的磁质、杂质含量均符合要求。但在运输和存放过程中有些材料很容易吸收水分而受潮，所以原料的处理主要指原料的干燥。特别是注塑制品，对含水量要求较高，一些不符合要求的需要干燥处理。干燥的目的是除去某些塑料中含有的超量水分，防止成型制品出现银丝、斑纹、气泡等疵点，避免塑料在成型时产生降解现象。

原料不同，受潮、吸水程度也不同。聚碳酸酯、聚酰胺、聚砜、聚甲基丙烯酸甲酯等塑料，因分子链结构中含有亲水基团，故在使用时会造成水分含量偏高，必须进行原料干燥处理；像聚苯乙烯、ABS等塑料，由于水分含量对其制品质量影响较大，尽管水分含量不高，但一般也应进行干燥处理；聚乙烯、聚丙烯等原料不容易吸湿，如果包装严密，可以不进行干燥处理；有些助剂在配合时加入较少，且包装较好，也可不进行干燥处理；有些填料，如轻质碳酸钙等，应根据含水量而定。通常，塑料在成型加工时允许含水量在0.05%～0.2%之间。凡加工温度较高、在高温下容易分解的塑料，其允许含水量较低。

塑料原料的干燥方法很多，在实际生产中可根据具体情况进行选择。如多品种条件下，一般采用热风循环烘箱或红外及远红外加热烘箱进行处理；单品种、大批量时，一般采用沸腾干燥或气流干燥方法进行处理；对于高温易氧化变色塑料，如聚酰胺，用真空烘箱进行干燥处理。

一般情况下，原料的干燥温度在常压条件下为100℃以上，如果塑料的玻璃化温度在100℃以下，则干燥温度亦应控制在玻璃化温度以下。通常每种塑料在一定的干燥温度下都有一最佳干燥时间，虽然延长干燥时间似乎有利于提高干燥效果，但干燥时间太长，会导致干燥能量消耗增大，生产成本上升，经济性下降。另外，原料周围的空气湿度对热塑性塑料的干燥时间有一定的影响，如果空气中含湿量太大，除提高干燥温度外，还应设法降低空气湿度，干燥后的原料还应注意密封、防潮。

称量主要是保证组分比率的准确性，使混合料符合配方比率的要求。称量分人工称量和自动称量。人工称量适合小规模的塑料制品生产，自动称量适合规模较大的情况。称量衡器种类很多，手工称量时，要根据原料种类选择称量衡器。助剂用量较小，但作用很大，所以选用精度高的电子秤或天平称量，树脂和填料用量较大，可用电子磅秤称量。

原料的输送主要是利于生产密闭化和连续化生产。原料的输送有工具输送、机械输送和自动输送等方法。工具输送是将原料装在一定的容器中通过运输工具进行输送，这种输送方法污染大，劳动强度大，但机动灵活，投资小，适合小规模的生产选用；机械输送或自动输送是原料在密闭管道中进行，污染小，自动化程度高，有些生产装置实现了密封储存、密封称量、密封输送，大大改善了生产环境，降低了劳动强度，但只适合大规模、产品种类少的生产选用。

（2）粉料的配制过程　在粉料的配制中，若加入相当数量的液态助剂，所配制的物料常称为润性物料，而不加液态助剂或加入量极少的，称为非润性物料。

粉料的制备工艺流程如图3-40所示。

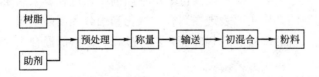

图3-40　塑料粉料的制备工艺流程

非润性物料的混合和润性物料的混合因其原料不同，混合方式和步骤也不相同，前者方法简单，后者的工序较多。

非润性物料的混合只是一种简单的混合，只增加各组分微小粒子空间分布的无规程度，而一般不减小粒子本身的尺寸。工艺程序一般是按聚合物、稳定剂、色料、填料、润滑剂等顺序，将称量好的原料加入混合设备中进行混合。一定时间后，将物料升温至规定温度（主要是熔化润滑剂），当达到质量要求时即停止混合，出料即得非润性物料。

润性物料的混合因加入了相当量的液态助剂，所以不但增加各组分微小粒子空间分布的无规程度，同时小粒子本身的尺寸也有所增大，一般采用如下的工艺步骤：①混合物加入混合设备中，升温一般不大于 100℃，混合约 10min。温度过高树脂易出现塑化，升温的主要目的是驱除树脂中的水分和易挥发分，使其更有利地吸收增塑剂。②将已预热至规定温度的增塑剂喷到聚合物中。③加入稳定剂、染料和增塑剂配制的浆料。④加入颜料、填料以及其他助剂（其中润滑剂最好也用少量增塑剂进行调制）。⑤混合料达到质量要求时，停车出料，如混合料需存放，则需冷至 60℃以下。

（3）粒料的配制过程　粒料的制备是利用已制备好的粉料，进行塑炼和粒化制成，其工艺过程如图 3-41 所示。

$$粉料 \rightarrow 塑炼 \rightarrow 粒化 \rightarrow 粒料$$

图 3-41　塑料粒料的配制工艺流程

塑炼是借助加热和剪切力，使物料产生摩擦热，使聚合物获得熔化、剪切、混合等作用，而驱除其中的挥发物，并进一步分散其中的不均匀组分（主要是凝胶粒子）。这样，使塑炼后的物料更有利于制得性能均一的制品。塑炼后的物料经粉碎或粒化，可得到颗粒状塑料粒子。

（4）塑料配制设备　用于塑料配制的设备类型较多，现对常用的几种混合和塑炼设备分述如下。

① 转鼓式混合机　这类混合机的种类很多。该类混合机的共同特点是：混合作用靠盛载混合物料的混合室的转动来完成。该类混合机适用于非润性物料的混合。

② 螺带式混合机　螺带式混合机结构是一个两端封闭的半圆筒形槽，槽上有可启闭的盖，作装料用。槽体附夹套，供加热或冷却用。在半圆形槽的混合室内一般装两根结构坚固、方向相反的螺带。当螺带转动时，两根螺带各按一定方向将混合室内的物料推动，使物料各部分的位移不一，从而达到混合的目的。螺带的转速一般为 10～30r/min，混合室下部开有卸料口。此混合机可用于润性或非润性物料的混合，容量范围自几十千克到几千千克不等。

③ 捏合机　捏合机主要由一个带有鞍形底钢槽的混合室和一对反向旋转的 Z 形搅拌器所组成。混合室槽壁附有夹套，供加热或冷却用。捏合机卸料用钢槽倾倒装置，可使钢槽倾倒 120°。混合时，物料借两个搅拌器的相反转动（一般主轴 20r/min，副轴 10r/min），使物料沿混合室的侧壁上翻，在混合室的中间落下。物料受到重复的折叠和撕捏作用，从而达到均匀混合。捏合机可用于润性或非润性物料的混合，容量范围为 5～2500L。

④ 高速混合机　高速混合机是由回转盖、混合锅、折流板、搅拌装置、排料装置、驱动电机、机座等组成。锅体外附加热冷却装置（一般为夹套）。搅拌装置由一到三组叶轮组成（分别装置在同一转轴的不同高度上），每组叶轮的数目通常为两个。叶轮的转速一般有快、慢两挡，两者速比为 2∶1，快速约为 860r/min。混合时，物料受到高速搅拌，在离心力的作用下，物料沿混合室侧壁上升，至一定高度时落下，然后再上升和落下，从而使物料颗粒间产生较高的剪切作用和热量。除起到物料混合均匀的效果外，还可使物料温度上升而部分塑化。混合时间较捏合机大为缩短，一般仅需 8～10min 即可。高速混合机可用于润性或非润性物料的混合，容量范围为 10～500L 或更大。

⑤ 管道式捏合机　管道式捏合机主要用于粉料的初混合，作业可连续化，对提高生产率、保证混合料的质量均一有一定作用，并有利于实现生产自动控制。管道式捏合机可用于润性或非润性物料的混合。

113

⑥ 开炼机　开炼机又称为双辊筒塑炼机或开启式塑炼机，简称开炼机。设备中起塑炼作用的主要部件是一对转动方向相对的平行辊筒，其长径比约为 2.5，转速 17～20r/min，前后辊速比为 1：(1.05～1.10)，辊筒内有循环加热或冷却载体的通道。辊筒直径为 60～550mm 或更大。

开炼机主要使物料受剪切应力，对塑料起混合塑炼作用。对于物料在大范围内的混合均匀是不利的。工业上主要是将混合后的物料通过开炼机的混合塑化，制成压片半成品，或为压延成型供料等。

⑦ 密炼机　密炼机主要是由混炼室、转子、压料装置、卸料装置、加热冷却装置以及传动系统等组成。密炼机的转子以椭圆形居多，其横断面呈梨形，并以螺旋的方式沿着轴向排列。当其移动时，被塑炼物料不仅绕着转子移动，也顺着轴向移动。两个转子的转动方向相反，转速也略有差别，两个转子的侧面顶尖以及顶尖与塑炼室内壁之间的距离都很小。因此，当转子在这些地方扫过时，都对物料施以强大的剪切力。塑炼室的顶部设有由压缩空气操纵的活塞，借以压紧物料而使其更有利于塑炼。

密炼机的特点是能在较短的时间内给物料较大的剪切能，且在隔绝空气的情况下进行塑炼，故在劳动条件，塑炼效果和防止物料氧化等方面都优于开炼机。密炼机的总容量为 4.3～75L 或更大。

⑧ 挤出机　作为混料用的挤出机，其结构与成型用的挤出机基本相同，混料用挤出机是借螺杆与料筒给物料以剪切作用，以达到混合塑炼的目的。与成型用的挤出机相比，混料用的规格较大，而且螺槽偏浅，能够增大剪切力。作为造粒用的挤出机，机头前方常带有转刀以进行切粒。

⑨ 静态混合器　近年来，工业上还采用了静态混合器，以改进混合时垂直流动方向物料的均匀性，加强混合效果。静态混合器通常都装在挤出机和机头之间，具有提高熔体温度均匀性的优点。

关于塑炼后物料的粒化，视塑炼所采用的设备不同，可采用不同的粒化设备。不同的塑炼方法所采用的粒化过程，见图 3-42。

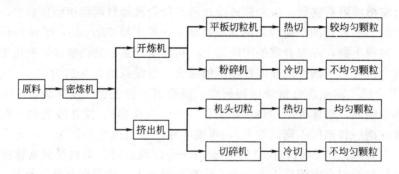

图 3-42　不同的塑炼方法所采用的粒化过程

2. 配制车间工艺布置要点

塑料配制车间比橡胶配炼车间简单。根据塑料制品种类、原料、加工成型方法等不同，可设置或部分设置原料预处理、混合等工序。

塑料配制工艺车间工艺布置包括原料预处理布置、粉料配制工序布置和粒料配制工序布置等。工艺布置要点如下。

① 配制车间宜与塑料成型车间布置在一个大厂房内，位置应布置在原材料仓库与成型车间之间，使物料流程顺畅。在一个大厂房时，一般与成型车间之间加一隔墙，以防粉剂对成品和成型生产环境的污染。大规模生产的工厂，也可以将塑料配制车间单独布置，位置应尽可能地靠近原材料仓库和使用混合料多的挤出、注塑等生产车间。配制车间应在厂区的下风方。

② 塑料的配制设备除开炼机、密炼机外，一般都是轻型设备，所以在工艺布置时，对较小、较轻的混合设备布置在二楼，以节约用地。

③ 树脂、增塑剂等化工原材料较多，在建筑设计上应按照防火规范要求采取防火措施。

④ 塑料制品多为彩色和浅色，为保证不受污染，地面要求坚固耐用、光滑，便于冲洗，采用水磨石地面为宜。因地面经常用水冲洗，所以需考虑排水设施。

⑤ 厂房内的墙柱表面均应抹面以免积尘，并应采用油漆或瓷砖的墙裙，加工食品、卫生用的塑料制品配制车间还要达到无菌等要求。

⑥ 车间内要有较好的自然采光和通风条件，但也应防止阳光直接照射到各种化工原材料上。

⑦ 原材料加工、干燥最好布置在邻近的原材料仓库内。

⑧ 大型厂的塑料配制使用密炼机。小规格的翻斗式密炼机布置在同一层平房内，原料称量、粉料输送、压片机均布置在一层，密炼机排出的混合料通过输送带运至压片机。大规格密炼机多采用四层楼房布置。一般密炼机布置在单独平台上，密炼机平台下面布置挤出压片机或压片机；二层楼面为密炼机的操作位置，在三层装设自动秤和投料装置，在四层布置树脂和粉料等原料储斗。这种布置方法便于整个过程联动化，有利于降低工人劳动强度，改善操作环境，提高自动化水平和生产效率。

⑨ 密炼机加料口应设除尘装置，压片机、挤出压片机和胶片冷却装置上方均应设置排烟或排风装置。一般柱距为 6m，特殊柱距根据设备布置需要而定，跨距可取 15m 或 18m 或 21m，视配制工序生产规模而定。

⑩ 车间内其他工艺设备、自动化、机械化设施的布置，以及排烟除尘装置、保全室、自控仪表维修站和生活室、办公室等的具体位置，均应在保证生产工艺流程合理的前提下，综合分析各方面的优缺点，与各专业设计人员共同研究商定。

二、挤出成型车间工艺设计与布置

挤出成型，又称挤压成型、挤塑成型、压出成型。在塑料成型加工工业中占有相当重要的地位，是最早的成型方法之一。目前用于挤出成型的塑料制品约占总量的三分之一以上，居诸成型方法之冠。

挤出成型可加工绝大多数热塑性塑料和少数热固性塑料，其加工所得制品主要是决定两维尺寸的连续产品，如薄膜、管、板、片、棒、丝、带、网、电缆电线以及异型材等。配以其他设备，亦可生产中空容器、复合材料等。

挤出成型生产效率高，操作简单，产品质量均匀，设备容易制造，可一机多用或进行综合性生产。挤出成型机还可用于混合、塑化、脱水、造粒、喂料等不同工艺。

1. 挤出成型生产工艺

挤出过程可分为两个阶段：第一阶段是使固态塑料在一定温度和一定压力条件下熔融、塑化，并使其通过特定形状的口模而成为截面与口模形状相仿的连续体。第二阶段则是采用适当的处理方法，使其失去塑性而变为与口模断面形状相仿的制品。

从塑料加入到挤出机料斗开始，到最后得到制品，一般均需经过加料、塑化、成型、定型四个过程，它们之间是互相联系和影响的，但在大多数情况下，塑化的均匀与快慢，是影响产品质量和产量的关键所在。塑料沿螺杆前移，温度、压力、黏度甚至化学结构都发生变化，这种变化在螺杆各段是不一样的，流动情况比较复杂。根据塑料在料筒内的状态，通常将螺杆分为三个工作区，即加料段、压缩段和均化段。

加料段的作用是把从料斗中来的塑料送到压缩段，这是一个固体输送过程。在这一段主要是物料受热前移，故螺槽容积可维持不变，一般均采用等距等深螺槽。

压缩段又称熔融段或塑化段，它的作用是将加料段输送来的松散料压实，在外热和内热（摩擦热）的作用下使其软化、熔融，并把物料中夹带的气体向加料段排出。这一段螺槽容积逐渐变小，一般均采用等距不等深螺槽。

均化段是把压缩段送来的熔融物料进一步均匀塑化，并使其定量、定压地从机头挤出。该段的作用相当于一个计量泵，故亦称计量段。均化段的螺槽容积一般不变，采用等距等深螺槽。

挤出成型的主要设备是挤出机。一台挤出机（组）一般由下列三大部分组成。

① 主机部分　主机包括挤压系统、加热冷却系统和传动系统。

挤压系统主要由螺杆和料筒组成。塑料通过挤压系统而塑化成均匀的熔体，并在这一过程中所建立的压力下，被螺杆连续、定压、定温、定量地挤出机头。

加热冷却系统是在机筒外部加电热器和热风均匀装置，也有采用油加热的方法。作用是通过对料筒或螺杆进行加热和冷却，以保证成型过程在工艺所要求的温度范围内进行。

传动系统由电机和变速装置组成，其作用是给螺杆提供所需的扭矩和转速。

② 辅机部分　辅机一般包括口模（习惯称作机头）、定型装置、冷却装置、牵引装置、切割装置或卷取装置等。

口模是制品成型的主要部件，熔融塑料通过口模可获得与通道截面几何尺寸相似的塑料制品。

定型装置是将从口模中挤出的塑料的既定形状稳定下来，并对其进行精确处理，从而得到断面尺寸更为精确、表面更为光亮的制品。通常采用冷却和加压的方法可达到此目的。

冷却装置是将定型后的制品进一步冷却，以获得最终的形状和尺寸。牵引装置的作用为均匀地牵引制品，使挤出过程稳定地进行。切割装置是将连续挤出的制品切成一定的长度或宽度。卷取装置是将连续的软制品卷绕成卷。

③ 挤出机的控制系统　该系统由各种电器、仪表和执行机构组成。根据自动化水平的高低，可控制挤出机主机、辅机的拖动电机、驱动油泵、油（汽）缸和其他各种执行机构按所需的功率、速度和轨迹运行，以及检测、控制主辅机的温度、压力及流量，最终实现对整个机组的自动控制和对产品质量的控制。

随着塑料工业的发展，挤出机的规格表示和主要技术参数已经标准化。塑料单螺杆挤出机的大小一般以螺杆外径的大小来表示，并在前面冠以 SJ，其中，S 表示塑料，J 表示挤出机。其主要参数有：螺杆直径 D，即螺杆外径，mm；螺杆长度 L，即工作段的长度，mm；通常用长径比（L/D）来表示挤出机的主要参数，即螺杆工作部分长度与螺杆外径之比；螺杆的转速范围，即螺杆转速从最低到最高的可调范围，r/mm；功率消耗，包括传动功率和加热功率，kW；生产能力，即每小时的挤出量，kg/h；以及设备的外形尺寸、中心高度和质量等。

双螺杆挤出机的发展非常迅速，其突出特点是由摩擦产生的热量较少，且塑料受剪均匀，螺杆的输送能力较大，挤出量较稳，停留时间较短，料筒可自清洗等，广泛用在各种塑料的配料、共混及增强改性等方面。另外，排气挤出机、高效螺杆的出现，对单螺杆挤出机的改进方面也取得较满意的结果。

2. 挤出生产工艺流程

在工艺设计时应按产品特点、工艺流程、质量要求、投资规模等合理选择挤出设备和联动线上的辅机设备。几种塑料挤出产品的生产工艺流程如下。

① 复合片材挤出生产工艺流程　以挤出机为主机，根据机头口模尺寸确定产品形状与大小，在牵引设备上完成冷却与对片材的牵引，用卷绕机卷取片材成品，最后经检验、包装入库。PA/黏合剂/PP 多层复合片材挤出生产如图 3-43 所示。

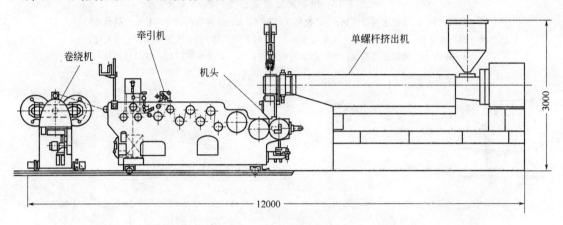

图 3-43　PA/黏合剂/PP 多层复合片材挤出生产线

（设备：多层复合薄片挤出生产线；用途：食品盒与盘；原料：PA/黏合剂/PP；片材宽度：600～1000mm；

片材厚度：0.15～0.8mm；产量：300kg/h；树脂配比：1∶0.5∶3）

② PVC 板材挤出生产工艺流程　以双螺杆挤出机为主机，由机头和三辊压型机确定产品形状与大小，然后覆膜、修整、牵引、切割、运输、检验、包装、入库。如图 3-44 所示。

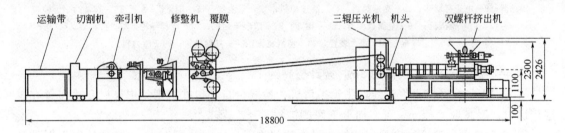

图 3-44　日本日立造船 BT100 硬 PVC 板材挤出生产线

（设备：BT100 型板材挤出生产线；用途：工业材料；原料：硬 PVC；

板材宽度：930mm；板材厚度：1～2mm；产量：200kg/h）

③ 塑料造粒、挤出薄膜生产工艺流程　如图 3-45、图 3-46 所示。

3. 挤出车间工艺布置要点

按挤出流程，一般布置成流水线式。以 PVC 管材的挤出车间为例，介绍挤出车间的工艺布置要点。挤出类型车间布置包括挤板机组生产线、异型材挤出生产线、其他管材挤出生产线等布置，吹塑薄膜车间布置需另行考虑。硬 PVC 管材挤出车间布置如图 3-47 所示。

硬 PVC 管材挤出车间布置要点如下。

① PVC 散装树脂由汽车槽车运来经罗茨鼓风机正压或负压送入露天布置的立式 PVC 料仓内。

② 热、冷高速混合机，添加剂储罐和混合物粉料储罐等，布置在二层厂房内。

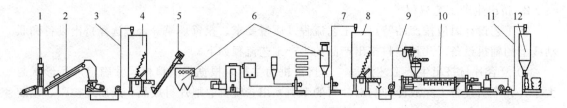

图 3-45　废塑料回收造粒生产线

1—粗碎；2—运输带送入粉碎机；3—物料气流输送；4—带有混料和出料装置的储料罐；

5—螺杆输送器；6—薄膜洗涤与干燥装置；7—运料入储料罐；8—清洁薄膜碎片储料罐；

9—送入挤出机的输送系统；10—挤出造粒机组；11—输送系统；12—成品储料罐

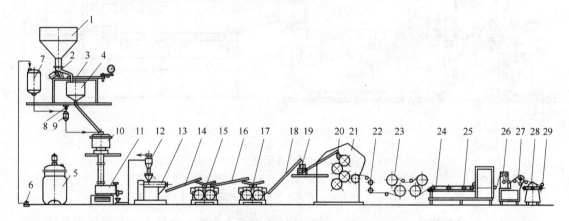

图 3-46　生产软质聚氯乙烯薄膜的工艺流程

1—树脂料仓；2—电磁振动料斗；3—自动磅秤；4—称量计；5—大混合器；6—齿轮泵；7—大混合中间储槽；

8—传感器；9—电子秤料斗；10—高速热机；11—高速冷机；12—集尘器；13—塑化机；14，16，18，24—运输带；

15，17—辊压机；19—金属检测器；20—摆斗；21—四辊压延机；22—冷却导辊；23—冷却辊；

25—运输辊；26—张力装置；27—切割装置；28—复卷装置；29—压力辊

③ 底层高约 4m，二层高约 8m，合计层高约 12m。

④ 硬 PVC 管材挤出生产线，胀管扩口机、检验台自动包扎机则集中呈展开式布置在单层厂房内，层高取 7～8m，可以向上下两侧扩建。

⑤ 建筑柱网应符合国家规定或按建设方建议进行，一般柱距为 6m，特殊柱距根据设备布置需要而定，可选 8m 与 10m 等。跨距可取 15m 或 18m 或 21m，视挤出生产线多寡而定。

下面以普通聚乙烯管为例，介绍挤出制品车间的工艺设计。

普通聚乙烯管又称通用型聚乙烯管，具有乳白色、半透明、柔韧、无毒等特点，其耐腐蚀性、电绝缘性、耐寒性能和抗冲击性能较为优越，可用挤出成型法加工成各种规格的管材，所以这种管材广泛用作无特殊要求的自来水管、排污管、农田排灌管、化工管道以及电器绝缘套管等。普通聚乙烯管工艺设计简介如下。

(1) 原料配制　生产普通聚乙烯管材一般不需要加入其他助剂，而是采用聚乙烯作为单一原料生产的。聚乙烯包装严密，杂质、水分均符合要求，所以一般不需要原料预处理和配制工序，可直接进入挤出工艺加工。

(2) 普通聚乙烯管生产工艺流程　普通聚乙烯管生产工艺流程如图 3-48 所示。

(3) 挤出工艺　挤出温度分五段控制，供料段 90～100℃，压缩段 100～140℃，计量段

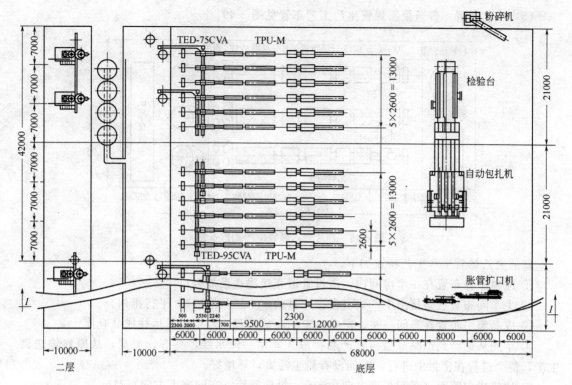

图 3-47 挤出车间平面布置

图 3-48 普通聚乙烯管生产工艺流程

140～160℃，机头和分流器 140～160℃，模口 140～160℃。

生产聚乙烯管材，螺杆一般不需要冷却。

出型后的高压聚乙烯挤出管材冷却速度应缓慢，否则管子无光泽，造成内应力集中，管内壁呈竹节状。

压缩空气压力约 0.02～0.04MPa，压力过大会使管子强度明显降低。

（4）主要设备及其特点 目前国内普遍使用等距不等深渐变型单螺杆挤出机，螺杆直径视产品规格而定，一般为 25～65mm，长径比（L/D）为 20∶1，压缩比为 2～3，螺杆转速为 12～60r/min。机头中的分流器扩张角较大，一般大于 60°。模芯平直部分长度 $L=(20～50)t$（t 为管材壁厚）。

聚乙烯口模内径应比定型套内径小 5％～15％（管外径≥40mm 时取 10％以下，管外径＜40mm 时取 10％以上）。聚乙烯管拉伸比可为 1.1～1.5，即芯模与口模间的环形截面积应比管材横截面积放大 10％～50％。

冷却定型套的内径应比管材外径大 2％～4％，因聚乙烯收缩率较大（1％），定型套长度为其内径的 2～5 倍，小口径管可大于 5 倍。

聚乙烯管牵引设备一般有滚轮式和履带式，其作用是均匀地将管材引出，并调节管壁的厚薄，滚轮式结构简单，调节方便，但牵引力小，只适用于管径 100mm 以下的管材，而履带式牵引力与管材接触面大，不易变形，不易打滑，广泛用于薄壁管和大口径管。

（5）工艺布置　普通聚乙烯管生产工艺布置见图 3-49。

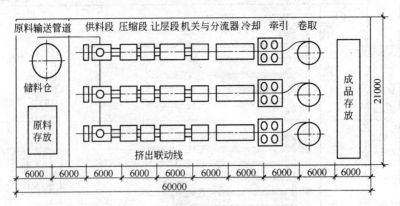

图 3-49　普通聚乙烯管生产工艺布置

普通聚乙烯管生产工艺特点如下。

① 原料单独布置在一个房间内，通过管道直接输送至加料口。

② 主车间布置三条挤出生产线（根据产量的多少还可增减），平行排列。

③ 成品集中布置在车间一头，留有一定的存放面积。经检验后运往成品仓库。

④ 车间从进料到产品成型再到产品存放入库呈一流水线，整齐、美观，从原料输送到生产，整个过程在密封中进行，车间没有粉尘污染，环境好。

⑤ 建筑横向跨距（车间长度方向）60m，纵向跨距（车间宽度方向）21m。

三、注塑车间工艺设计与布置

注塑，又称注射成型或注射模塑，是目前塑料加工中最普遍采用的方法之一，注射成型制品占塑料制品总量的 30% 以上。

注射成型适用于全部热塑性塑料和部分热固性塑料，其成型周期短，花色品种多，形状可简可繁，尺寸可小可大，制品尺寸准确，产品易更新换代。注射成型可以自动化、高速化，具有较高的经济效益。

1. 注塑工艺过程

塑料注塑过程是借助螺杆（或柱塞）的推力，将已塑化好的塑料熔体射入闭合的模腔内，经冷却固化定型后开模即得制品。

注塑是一个循环过程，每完成一个循环过程即称为一个操作周期。每完成一个操作周期，注射装置和合模装置分别完成一个工作循环。

（1）注塑阶段　要完成注塑成型需经三个阶段：塑化、注射和定型。

① 塑化阶段　在注射料筒与螺杆间进行，并将塑化好的熔体储存在料筒的端部。螺杆动作和结构与挤出螺杆有些不同。挤出螺杆只有旋转动作，而注射螺杆既有旋转动作，又有往复动作。塑化时，螺杆在旋转的同时还有后退动作，以便将塑化好的熔体储存在料筒端部供注射用。注射时，螺杆代替柱塞向前推进，此时螺杆无旋转作用。从结构上讲，注射螺杆的 L/D 偏小、压缩比偏小，且螺杆头部装有止逆装置。

② 注射阶段　螺杆前移，将储存在料筒端部的熔体向前推压，经过主流道、分流道和浇口，射入已闭合的模具型腔内。

③ 定型阶段　包括熔体进入模腔后的流动、相变及固化。然后启模即得到制品。

（2）注塑设备　注塑设备主要是注塑机和注塑模具。注塑模具根据制品形状而定，没有统一标准。注塑机则按其结构分为柱塞式和移动螺杆式两类，也可按其外形特征分为立式、卧式、角式和转盘式等多种。目前使用最多的是移动螺杆式注塑机，且以卧式居多。

一般情况下，一台通用注塑机主要包括注射装置、合模装置、液压传动系统和电器控制系统。

① 注射装置　注射装置主要由塑化部件（由螺杆、料筒、喷嘴及其加热部件所组成）、料斗、计量装置、传动装置、注射油缸和移动油缸等组成。其主要作用是将塑料均匀地塑化，并以足够的压力和速度将一定量的熔体注射到模具的型腔之中。

② 合模装置　合模装置主要由前后固定模板、移动模板、连接前后固定模板用的拉杆、合模油缸、移模油缸、连杆机构、调模装置以及制品顶出装置等组成。其主要作用是实现模具的启闭，在注射时保证成型模具合紧以及脱出制品。

③ 液压系统和电器控制系统　液压系统和电器控制系统主要由各种液压元件和回路及其他附属设备所组成。电器控制系统则主要由各种电器和仪表等组成。液压系统和电器控制系统有机地组织在一起，对注塑机提供动力和实现控制，以保证注塑机按工艺过程预定的要求（温度、压力、速度和时间）和动作程序准确、有效地工作。

近年来，随着塑料工业的发展，热固性塑料用于注射成型发展十分迅速，技术已比较成熟，应用范围越来越广泛。随着热固性塑料注射成型的发展，不断出现了加工热固性塑料的专用注塑机。其突出特点有：螺杆无三段区别，是等距等深无压缩螺杆，螺杆长径比小，螺杆顶部不设止逆环等。

为克服热固性塑料注塑造成的废料多、浪费严重的问题，近来在模具、设备及工艺等方面都有所改进和更新，大体可分为两大类：一是无流道注塑，二是注压成型。无流道注塑又分延伸式喷嘴注塑、隔热衬套注塑、温流道注塑三种；注压成型分为半开启式注压法和全开启式注压法等。其中注压成型是热固性塑料一种先进的加工技术。其生产效率高，注射压力和合模力均低，所得制品质量好，适宜制有嵌件的制品。生产中无料把，一方面节约原料，另一方面没有浇口痕迹，提高了制品的外观质量。

以注塑周转箱的生产为例，简单介绍注塑产品的生产工艺设计与布置。

注塑周转箱是采用高密度聚乙烯或聚丙烯树脂为主要原料，经注塑工艺成型的大型塑料容器。分固定式和折叠式两种。固定式是在注塑机上一次成型制品；折叠式是先注塑若干部件，然后再装配而成。注塑周转箱质轻、强度高、搬运方便、容易清洗、色泽鲜艳、使用寿命长、防虫、防潮、防霉。其中折叠式周转箱还具有占地面积小、便于运输和存放的特点。被广泛用于食品、饮料、果品、蔬菜、仪表零部件、药品等，是以塑代木的一类主要产品。

该产品主要原料是采用高密度聚乙烯或共聚聚丙烯树脂，为降低生产成本，可加入少量（如 10%）的无规聚丙烯填充母料。

注塑周转箱生产采用注塑法，可生产外形复杂、尺寸精确和带嵌件的制品，生产效率高。固定式注塑周转箱生产工艺流程见图 3-50。折叠式注塑周转箱生产工艺流程见图 3-51。两种周转箱的工艺参数相同，见表 3-3。

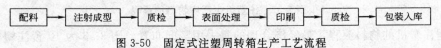

图 3-50　固定式注塑周转箱生产工艺流程

主要设备采用注塑机。与一般注塑机相同，因周转箱体积较大，所以多采用注射能力为 1000cm³ 以上的注塑机。模具与一般注塑模具结构基本相同，但固定式周转箱的模具一般较

121

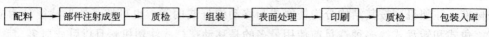

图 3-51　折叠式注塑周转箱生产工艺流程

表 3-3　注塑周转箱工艺参数

工艺参数	聚乙烯	聚丙烯	工艺参数	聚乙烯	聚丙烯
料筒温度/℃			注射压力/MPa	5.88～10.79	6.86～10.79
前	170～210	190～220	冷却时间/s	30～40	20～60
中	190～220	220～240	注射时间/s	3～10	5～10
后	160～190	180～200	保压时间/s	5～15	5～15
喷嘴温度/℃	160～190	170～200	总周期/s	60～180	60～180

大、较复杂，往往采用多向开模机构。

2. 注塑车间工艺布置要点

注塑车间工艺布置采用"集中式"，这是大势所趋，因为"集中式"有利于节约建筑物占用场地，节省建筑面积，节约基建投资。当然，如果有现成分离式厂房可利用，为了减少投资，缩短基建进度，也要充分利用。

多数注塑车间厂房（除混料部分外）都采用单层结构。这是因为多数塑料机械的布置需要纵向大跨度厂房，而且设备自重也大，如果布置在楼上，将会增加建筑造价。

建筑结构材料，国内多采用钢筋混凝土，材料来源多，造价低，但施工周期较长；国外都用钢结构，样板采用三合一结构，内外金属薄板，内填充隔热材料。

中小型注塑机安装一般不用地脚螺钉，而是垫放减震器。各种管道（包括冷却水、冷冻水、压缩空气、真空、排水管等）和电缆均可设地沟安装。

注塑机生产中物料的流程如图 3-52 所示，从图中可看出，干燥好的原料送入注塑机的料斗。产品由模具中落下，借传送带，经检验、包装、入成品仓库。产品浇口在注塑机旁边的粉碎机粉碎后按比例与新料混合后进入注塑机料斗中。

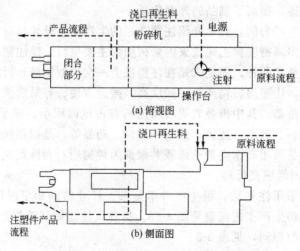

图 3-52　注塑机生产中物料的流程

根据注塑机的物料流程，最经济合理的是采用竖向布置，图 3-53 为 10 台注塑机竖向双排排列布置。原料分流向两侧，输入注塑机料斗内，两侧地面留出至少 2.4m 宽通道作为设备进出维修通道。产品从模具中落下，经传送带送至中央输送带完成检验、包装最终传送至成品仓库。

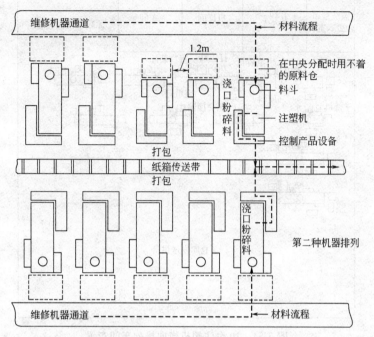

图 3-53 10 台注塑机竖向双排排列布置

图 3-54 和图 3-55 分别为 10 台注塑机老与新的车间布置。从图 3 54 中看出，物料流程紊乱，布置浪费面积，给生产管理带来困难；从图 3-55 可看出，物料流程合理，布置节约面积，留出了完整的整装与成品仓库面积，给生产管理带来了方便。由两图中可看出，不同的布置方式，对生产、管理、占地等都有重要的意义，显示出车间布置的重要性。

对已有厂房布置时，要充分利用场地，尽量使工艺布置合理、流畅。例如已有的厂房跨度偏小时，可采用倾斜方向布置方式，如图 3-56 为厂房跨度偏窄，注塑机横向布置，浪费场地，物料流向错乱，缺少进出和维修通道，车间布置不合理。图 3-57 所示厂房跨度虽然偏窄，但注塑机斜向布置，经过改进使厂房布置较为合理。

四、塑料车间非工艺设计简介

每个塑料加工车间的设计除了前面所述工艺设计项目外，还需要其他非工艺设计项目相应配合，才可以完成整个塑料加工车间的设计工作。所以对塑料车间的非工艺设计作简单介绍，以帮助我们在设计时对塑料工厂的整体设计、工艺设计作进一步理解。

由于工艺设计人员不可能进行全部设计工作，必须依靠其他工种设计人员进行非工艺设计，因此在设计过程中，工艺设计人员应起主导作用，在事前向其他工种设计人员交代任务，提供设计条件，事后进行汇总。在此情况下，工艺设计人员也应掌握一定程度的非工艺设计项目知识，方能得心应手地组织完成全部设计工作。下面分别介绍。

非工艺设计项目一般包括下列各项：①建筑设计；②给排水设计（给水、排水、冷冻水等）；③采暖、通风、空调工程设计；④电气设计（动力电、照明电、弱电、避雷）；⑤其他动力设计（压缩空气、真空等）；⑥自动控制设计；⑦设备的机械设计；⑧经济分析与概预算等内容。

1. 建筑设计

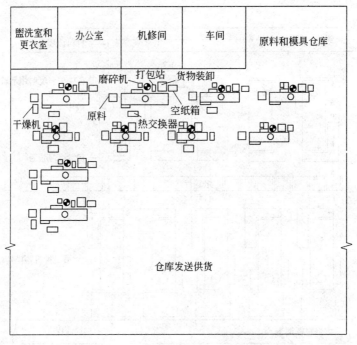

图 3-54　10 台注塑机横向排列车间布置

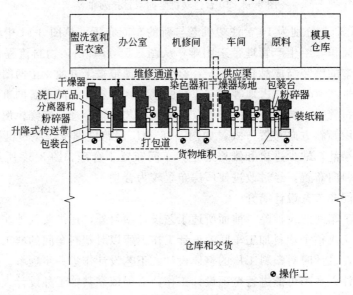

图 3-55　10 台注塑机竖向排列车间布置

　　建筑设计是工厂设计的重要组成部分，在工艺设计完成之后，建筑部分将根据工艺设计要求，进行建筑设计。

　　2. 给排水设计

　　塑料加工厂需要生产用冷却水、生产用 5℃冷冻水、生活用水、消防用水等。生产用冷却水可用自来水，一般可回收循环使用，但不宜用深井水，因为多数深井水其硬度太大，容易结垢，影响换热器的热效率；生产用 5℃冷冻水，一般厂里采用中央冷冻或机台旁分散设冷冻温控机自行制备 5℃冷冻水供应；生活用水为普通自来水，消防用水也为普通自来水，

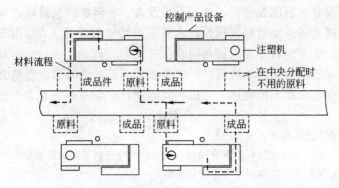

图 3-56 厂房跨度偏窄，注塑机横向布置

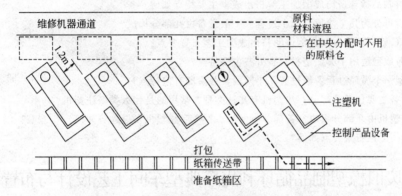

图 3-57 厂房跨度偏窄，注塑机斜向布置

但压头必须达到消防要求，否则自设增压泵。

3. 采暖通风、空调工程设计

根据塑料加工厂生产工艺的不同要求，厂房采用全面送风和排风，除了全面送风、排风外，设岗位局部送风、恒温空调、恒温恒湿空调、空调加除尘空气净化等。

4. 电气设计

塑料加工厂需用的动力电电压都是 380V，照明电电压都是 220V，如供电电源电压为 10000V，则工厂需设电力变压器，由 10000V 降压至 380V，再经配电室分配给各用电设备。塑料加工厂供电电压要求稳定，如有波动，既损坏用电设备又使生产造成不正常。因此如电压经常有波动，则宜设稳压装置。

关于弱电和避雷设计，塑料加工厂无特殊要求，可按常规设计。

5. 自动控制设计

塑料机械主机自动化程度都很高，例如注塑机都有手工操作、半自动操作、全自动操作等，但由于各种辅机与设施跟不上，只能开半自动操作。产品也未考虑传送带送去检验、包装，产品浇口也未考虑机旁粉碎与新料按比例自动化送入注塑机料斗中。另外，原料也未考虑自动化送入料仓、自动化进行干燥、自动化送入注塑机加料口，因此需要对辅机进行自动控制设计。

6. 设备的机械设计

塑料加工设备主机在国内外都有定型设备，设计时只需选型、选择制造厂家以求技术经济综合优选。然而，在国内大量的辅机多未定型化，许多领域还属空白，诸如粉碎机、超细粉碎机、着色混料设备、温度控制机、塑料干燥设备、粉料粒料气流输送装置、机械手、各种输送机、热流道模具等需要塑料机械设计人员、通用机械设计人员、液压专业设计人员、微机电子专业人员、化工塑料专业人员共同合作完成。

其他设计项目如管道设计、环境保护、安全技术、设计说明书、经济分析与概（预）算等，由于专业性较强，在此不再叙述。希望在实际设计中参考有关专业书籍、资料。

自测题

1. 塑料原料的准备工艺有哪些主要工序？
2. 塑料粉料的配制中，非润性物料的混合和润性物料的混合有何不同？简述他们的工艺步骤和特点。
3. 简述塑料粒料的配制流程，常用哪些主要设备？
4. 塑料配制车间工艺布置要点如何？
5. 哪些塑料制品适合挤出成型加工？挤出成型主要特点如何？
6. 挤出过程可分为几个阶段，几个过程？一般设备由几部分构成？
7. 以硬 PVC 管材挤出车间为例说明挤出成型工艺布置要点。
8. 塑料注射成型适用于哪些塑料？有哪些主要特点？
9. 注射成型一个循环过程需经过哪几个阶段，各阶段有何特点？
10. 注塑设备主要包括几部分？注塑机有几种类型？常用的是什么类型注塑机？
11. 通用注塑机由几部分组成？各部分有何特点？今后注塑机发展趋势如何？
12. 注塑车间工艺布置要点如何？

项目三　废旧橡塑制品循环利用厂典型车间工艺设计与布置（拓展）

【项目导言】　项目来源于对废旧橡塑循环利用制品厂典型车间工艺设计与布置共性分析与总结，学习者可以结合所参观实习的情况学习项目的相关内容。

【学习目标】　能运用在废旧橡塑循环利用制品厂实践活动中所积累的资料，总结、归纳轮胎翻新车间、再生胶车间工艺设计与布置要点，了解塑料回收再生方法，通过各项目任务的学习，提高对废旧橡塑循环利用制品生产车间的认识，逐步形成"车间系统的概念"，提高分析问题解决问题的素质与能力。

【项目任务】　共分两个项目任务，分别为废旧橡胶制品循环利用厂工艺设计与布置、废旧塑料制品回收和循环利用工艺设计。

【项目验收标准】　结合轮胎翻新车间、再生胶车间平面布置图，采用提问方式检验学习者对车间工艺设计与布置要点的了解情况。

【工作任务】　分述如下。

旧橡塑制品主要来源于废轮胎、胶鞋、胶管、胶带等废旧橡胶制品，废塑料鞋、塑料薄膜、塑料管、塑胶箱、塑胶桶、塑胶盒等废旧塑料制品，其次来源于生产过程中的边角料及废品，它属于固体废弃物的一大类，作为可资源化高分子材料的循环利用，已引起世界各国的关注，为保护人类生存的环境，减少废旧橡塑制品对环境的污染，实现废旧橡塑制品综合利用是当务之急。

废旧橡塑制品回收和循环利用方法很多，加工方法和品种也不相同，生产车间的工艺设计与布置亦不同。本学习情景主要介绍典型废橡胶制品和废塑料制品的回收和循环利用工艺设计与布置问题。

一、废旧橡胶制品循环利用厂工艺设计与布置

我国是世界上最大的橡胶消费国，但又是橡胶资源匮乏的国家。正确处理废旧橡胶是循

环经济、推进我国橡胶工业发展的必然选择。废旧橡胶资源循环利用的产业链在我国已经形成，主要由八个大的环节构成：橡胶资源开发、新橡胶制品制造、橡胶制品经销、橡胶制品使用、橡胶制品维修利用、橡胶制品报废、废旧橡胶回收、废旧橡胶综合利用。其中，废旧橡胶制品的综合利用主要有旧轮胎翻新、生产再生橡胶、生产硫化胶粉、炼油或作为能源焚烧等。因硫化胶粉是制作再生胶的原料，即制作硫化胶粉是生产再生胶的前道工序，所以可以将其合并介绍。炼油或作为能源焚烧在我国很少应用。下面主要介绍轮胎翻新和再生胶生产车间的工艺设计与布置。

（一）轮胎翻新车间工艺设计与布置

我国 2009 年生产轮胎 5 亿多条，是世界上废旧轮胎产生量较大的国家之一，随着汽车量的迅猛增长，废旧轮胎的数量快速增加。目前，我国轮胎翻新加工行业发展迅速。轮胎翻修包括轮胎翻新和修补两部分。翻新方法可采取顶翻、肩翻、全翻三种形式，视轮胎品种、损坏程度及用户要求而定，从节约原材料考虑，以顶翻最好；轮胎修补则分胶补及衬垫两种类型。

轮胎翻修方法主要有传统翻新法（也称热翻法）和预硫化胎面翻新法（也称冷翻法）。由于预硫化胎面翻新法具有翻新过的轮胎耐磨性及耐刺扎性好，对胎体损坏小，胎体的尺寸变化适应性强等优点，这对子午线轮胎、钢丝胎的翻新很重要。因为这种翻新工艺可省去大量的模具，如果能统筹安排好预硫化胎面、包封套、黏合胶等的集中统一供应或商品化，则一般翻胎厂可省去"小而全"的弊端，同时翻新轮胎的质量也很稳定。

近年来，随着"轿车胎子午化、载重胎钢丝化"的普及，预硫化胎面翻新法基本上取代了传统翻新法，目前仅部分大型工程胎翻新还在用传统翻新法。随着市场经济的全面发展，现在预硫化胎面、包封套、黏合胶、预硫化胎面翻新设备等已经实现了商品化，为建设小型的预硫化胎面翻新企业提供了条件。下面主要介绍预硫化胎面翻新法。

1. 轮胎翻新方法

（1）生产工艺流程　轮胎翻新生产工艺流程，见图 3-58。

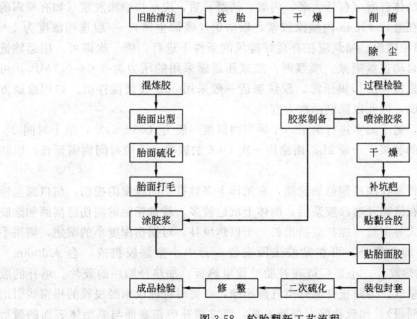

图 3-58　轮胎翻新工艺流程

（2）清洗与干燥　经初选确认可翻新的轮胎，检验前应经过清洗及干燥，清洗后应送入干燥室进行干燥。钢丝子午线轮胎应送入烘干房烘干，烘干温度可控制在 50～80℃，烘干时间一般为 12～48h。在天气干燥的地区，也可采取自然干燥，时间不少于 4d。自然干燥必须在良好的通风条件下进行。

（3）检验选胎　经过清洗烘干的轮胎，在翻新前必须进行仔细的检验。主要有手工检验和 X 射线机检验，手工检验使用二爪式验胎机，撑开轮胎子口，由人工进行看、摸、撬、敲，以检验胎体是否脱空、胎圈钢丝是否断裂及变形，检出损伤部位和尺寸。对钢丝子午线轮胎的检验，比较理想的方法是采用 X 射线机或全息照相装置，检验其钢丝圈及带束层是否断裂、脱层及其损伤程度。但由于这些检验装置价格较贵，暂时国内还没有普及。较简单的方法是充入压缩空气（轮胎使用压力的 1.5 倍）进行检验，若轮胎有脱空或骨架材料损坏，就会在脱空及损坏处出现异常，即可检出。

（4）削磨　经过检验，确认有翻修价值的轮胎，则进入打磨工段。在打磨前仔细挑除扎入轮胎胎面和花纹内的石块、铁钉等杂物，以防打磨时损坏磨头、锯片。对有穿洞的损坏处，若用充气仿型磨胎机打磨时，应先用软胶做临时堵塞，打磨后再取出，以防漏补。

轮胎在打磨前需测量轮胎直径，根据轮胎原有尺寸及损坏程度等来确定磨后尺寸。尤其是子午线轮胎应给定打磨尺寸，使仿型磨胎机能按要求打磨，以利于下道工序实施。

禁止使用未除净油和水的压缩空气吹拂已打磨好的胎体磨面，以免影响磨面的黏合牢固性，造成粉尘二次飞扬和噪声污染。对残留在磨面上的胶末，可采用钢丝刷或吸尘器加以清理。对打磨后残留在损伤部位的帘线头或钢丝头，在修补前经过清磨加以除净。帘线头可用软轴磨胎机装上圆刀切除，钢丝头则可用高速风动或电动磨头加以清理。胎体修补面打磨后应立即涂上黏合胶浆，以防打磨的表面（特别是裸钢丝表面）吸潮及氧化，导致翻修失败。对损伤胎体骨架层需配衬垫的轮胎，应先进行内磨，再打磨修补面，涂上胶浆，填以补洞胶及贴上衬垫。

（5）喷涂胶浆　胎体打磨（包括大磨、内磨、清磨）后，应尽快喷涂胶浆（如有裸露的钢丝帘线部位，最好在磨后 15min 内喷涂胶浆，以防钢丝吸潮生锈）。一般选用浓度为 1：（6～8）的胶浆，用喷枪喷涂。喷浆应在有良好排风的条件下进行，喷一次即可。用运输链运送的轮胎也可采用自动连续喷浆。喷浆时，胶浆压送罐采用的压力为 0.6～0.7MPa，可用洁净的压缩空气或机械办法作供压源。胶浆制造一般采用 50L 胶浆搅拌机。如用涂刷方法，易产生气泡和漏刷，因此以涂刷两次为宜。

喷涂胶浆的胎体，送干燥室进行烘干，干燥室内温度一般为（45±5）℃，烘干时间 2～12h。喷涂一次 1：8 的胶浆，干燥 2h；而涂刷一次 1：6 的胶浆，干燥时间则需延长，以防硫化时产生气泡。

（6）填补坑疤　目前我国送翻修的轮胎，在胎体上多数有不同程度的损伤，伤口深至缓冲层或帘布层。因此在清磨及喷涂胶浆后，胎体上坑疤较多，载重轮胎的洞伤经削磨和涂胶浆干燥后，可用手提式补洞枪（螺杆式挤出机）予以热填补。对损伤深度小的洞疤，则用手工填补热胶片的办法加以修补。可在贴胶工段安装一台中小型炼胶机或一台 φ230mm×635mm 三辊压延机供热胶片。小型厂可在补胎处设电热板、加热补胎用的胶片。填补的胶片要压实，防止残留空气。为防止补洞处空气排不净，必要时可埋设未经浸胶的棉帘线引出气体（主要用于补深洞眼）。预硫化胎面翻新工艺，要求填补疤伤表面与原胎体表面的弧形一致，以避免轮胎贴胎面胶后出现局部缺圆的情况。

（7）贴黏合胶　预硫化胎面轮胎翻新除了喷涂胶浆外，还必须贴上一层厚度为 0.8～

1mm 特制的黏合胶，其宽度应比预硫化胎面底部宽 10～15mm。黏合胶片要粘贴平整，不能有皱褶和气泡，如有气泡应排除，最后用圆柱压滚压实。

（8）贴胎面胶

① 预硫化胎面翻新法贴胎面胶　条形预硫化胎面按轮胎周长量取相应长度的胎条，贴于喷浆好的胎体上，胎条接头处应磨锉、涂胶浆，并贴上一层黏合胶，接头按坡度对接，胎面要贴正，胎面花纹周节要对好，然后用金属Ⅱ形钉固定。一条轮胎接头不允许超过 3 个接头。环形预硫化胎面贴合，是使用专用设备，将喷好胶浆的轮胎外径缩小，再套上环形胎面，随后在胎面压合机上压实。一般环形胎面的周长应等于或略大于待翻新胎体的周长。

② 传统翻新法贴胎面胶　传统翻新法贴胎面胶的方法有三种：冷贴法、热贴法和缠绕法。

a. 冷贴法　冷贴法是用炼胶机或挤出机挤出胎面胶片，经冷却、停放、收缩后使用。

b. 热贴法　热贴法是用挤出机挤出胎面，直接热贴于已经打磨、涂胶浆、修补及贴有缓冲胶的胎体上。

c. 缠绕法　缠绕法是用挤出机挤出窄胶条，按给定的样板或数据缠绕于胎体上。

（9）装包封套　贴好预硫化胎面的轮胎，硫化前应先装包封套和钢圈，其作用是防止翻新轮胎在二次硫化时，空气或蒸汽从黏合界面窜入胎体的胎面之间。所以包封套和轮胎之间不能存在任何气体。为了排除包封套和轮胎之间的气体，包封套上安有排气嘴，采用抽真空的办法，使包封套和轮胎之间的气体排净。可以用人工或专用设备将包封套装在轮胎上或取下。专用设备称为多功能削磨机，该机可以完成待翻新轮胎的削磨、喷涂胶浆、贴胎面和装包封套等动作。

（10）硫化

① 预硫化胎面（分条形及环形两类）翻新法硫化　预硫化胎面是预先在模型中，在高压（4.5～7.5MPa）条件下硫化出来的，它是一种模压制品，因此质地密实。为防止在二次硫化时过硫，其预先硫化的程度一般控制在正硫化点的 80%。

预硫化胎面和胎体用黏合层黏合，经过压实后装上内胎及套上包封套，送入硫化罐内进行硫化。硫化温度为 125℃，时间为 2.5～5h，轮胎内为压缩空气，压力为 0.6～0.8MPa，罐内压力略低些或与内压相等。

预硫化胎面翻新法属顶翻，轮胎硫化时无模型约束，因此对翻新轮胎胎体的损伤程度限制较严，凡穿洞较大（如超过 25mm）、胎肩损伤或子午线轮胎需更换带束层的轮胎，均不宜采用这种生产工艺。

② 传统翻新法硫化　在硫化前必须仔细检查，有无漏补、污染或开脱现象，并测量经贴胶及修补后轮胎的断面周长及直径，以便选配硫化模型及硫化条件。钢丝子午线轮胎翻修硫化，可采取热模和加快充内压速度的硫化工艺。内压使用过热水较为理想，但投资较大。内压若用压缩空气，因系单面传热，轮胎硫化速度慢；且对补有衬垫的轮胎硫化更困难。一般中小型翻胎厂可采用先快速通入蒸汽加热，再通入压缩空气升压的办法，但此法操作较复杂，同时须设置硫化后胶囊吹积水的工序。子午线载重轮胎的硫化内压，一般在（2±0.2）MPa 范围内。子午线轮胎及属于纵向花纹的轮胎，应使用活络模硫化。尼龙胎体轮胎，可使用两半模硫化。硫化内压视帘布层数多少而定，一般在 1.5～2.0MPa 之间。

2. 轮胎翻新车间工艺布置要点

（1）车间工艺布置的原则　翻胎车间各生产工段之间工艺流程诸多交叉，如果设计布置不当，会造成翻新轮胎和物料回流、交叉，甚至堵塞通道，导致生产流程混乱，影响工作效率。为取得高工效的设计布置，应按下列原则考虑：

① 设备的布置应尽量使轮胎翻新加工的工艺流程合理；

② 采用先进的翻胎工艺和相应的工艺流程；

③ 合理规划工序，有效地利用车间面积和空间，相近的工序可以合并，例如在车间入口处检验轮胎，确定为报废的轮胎就不用进入车间；

④ 工人操作区有良好的工作环境；

⑤ 要有劳动安全设施。

(2) 对各专业设计的要求

① 轮胎运搬　轮胎从干燥室或储存库运至检验和打磨场地，可采取人工推送。打磨后的胎体若需修补者，可用手推车送至修补工段处理。只需翻新不用修补的可用输送带或运输链送至喷浆工段。大中型翻胎厂可设连续喷浆和干燥运输链。小厂可用 T 形存放运输车送至喷浆室，T 形车上的转轴与喷浆室内的旋转装置相连，喷胶浆时轮胎处于旋转状态。喷胶浆后的轮胎仍由 T 形存放运输车送至干燥室进行干燥。经喷胶浆及干燥后的胎体可用输送带（链）或 T 形运输存放车送至胎面成型压合机（预硫化胎面翻新法）处，或送至缠贴胎面机（传统翻新法）处。

② 采暖、通风、照明、动力及安全要求　翻胎贴合车间（或工段）冬季室温不宜低于 18℃。

涂胶浆工段通过送排风，要求保证工人作业场地溶剂在空气中含量低于有关卫生标准。在硫化工段应使车间排气按一个方向流动，以利于排出湿热的空气。

翻胎车间各生产工段需有充足的采光，除设一般照明外，验胎和内磨工段还应设局部照明。喷涂胶浆工段及干燥室内均应按防爆条件设计。

硫化工段所用各种动力介质的供应和压力均需稳定可靠。蒸汽压波动不应大于 ±0.1MPa。压缩空气或过热水压力波动不应大于所定硫化压力的 ±10%。

翻胎各生产工段都应考虑以下条件：a. 充分的通风；b. 良好的采光；c. 易于打扫及保持清洁；d. 有除烟尘装置；e. 有定时检修制度；f. 有防火设备和措施；g. 有专用工具存放柜；h. 有人员的保安与防护装置及器具；i. 有可靠的通道和出口，在设计中要考虑一些门窗或其他孔洞，以便在出事故时疏散物品及设备。

③ 对建筑结构的要求　从生产方便着想，以单层一字形生产厂房为宜；单层大跨度厂房，对车间管理、运输和动力供应较为方便。考虑用地问题，也可采用多层（一般为 3 层）厂房，但多层厂房内垂直运输不甚方便，车间布置也较复杂。图 3-59 为预硫化胎面翻胎车间平面布置方案，可供参考。

(二) 再生胶车间工艺设计与布置

1846 年世界首次研制出再生橡胶。我国的再生橡胶工业最早出现在 20 世纪 30 年代初的油法脱硫工艺。直到新中国成立前夕，我国的再生橡胶的生产，仍停留在小作坊手工操作的水平上。直到 1990 年，我国再生橡胶生产仍停留在油法、水油法等技术水平上。其中，油法因产品质量低，生产不稳定而逐渐被淘汰；而水油法工艺虽优于油法，但生产中产生大量工业废水，严重污染环境，造成二次污染。1990 年，原化工部橡胶司和中国橡胶工业协会根据对国外再生橡胶工艺的考察，并结合国内的生产现状，组织开展了"废橡胶动态脱硫新工艺技术"的攻关试验，于 1994 年通过了原化工部科技鉴定，该项目主要由动态脱硫罐、

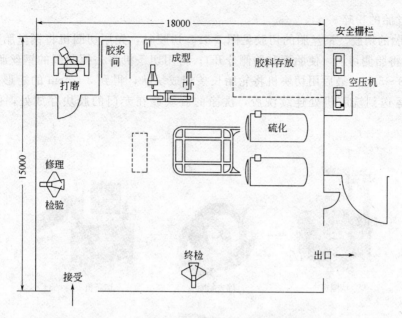

图 3-59　预硫化胎面翻胎车间平面布置方案

载热体燃煤炉（简称导热油炉）和尾气净化装置组成，其中，载热体燃煤炉采用导热油为介质，不仅能满足生产需要，还可节约 1/3 的能源，有的也可采用电加热方式。这项新工艺技术彻底改变了落后、污染严重的再生胶生产工艺，推动了废橡胶综合利用行业的再次发展。目前，我国再生橡胶生产已有 90%以上采用"动态脱硫"工艺。2009 年，我国再生橡胶产量为 280 万吨，其中有 252 万吨采用"动态脱硫"工艺。近年来，采用动态脱硫法还可生产出拉伸强度≥16MPa、断裂伸长率≥550%、门尼黏度≤80 的高性能再生胶。另外，国内还开发了高温连续脱硫、微波脱硫、常温搅拌脱硫等新工艺，但有待于进一步完善和推广。下面主要介绍动态脱硫法再生胶车间的工艺设计与布置。其生产流程见图 3-60。

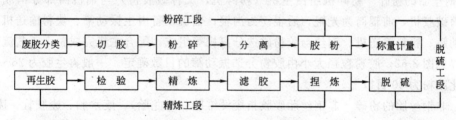

图 3-60　再生胶生产工艺流程

根据再生胶的生产工艺流程，可将再生胶的生产分为粉碎、脱硫、精炼三大工段。

1. 粉碎工段

粉碎工段也是硫化胶粉制作工段。废胶的粉碎有机械粉碎、冷冻粉碎、化学溶胀粉碎等，目前我国主要为机械粉碎。根据粉碎机械的不同又分为多种粉碎方法，下面介绍最常用的废轮胎机械粉碎法。

（1）废胶分类　将进厂的废旧橡胶按照外胎类、胶鞋类、杂胶类（包括胶管、胶带、内胎等）进行分类，除去杂质后，分别堆放。外胎类废胶还要按纤维胎和钢丝胎分别堆放。

为了便于水洗和粉碎，保证设备安全运行。必须把大小厚薄不一的胶料进行切割，其钢丝胎和非钢丝胎切割方法不同。

131

（2）钢丝胎的粉碎

① 钢丝胎的切胶　钢丝胎的切胶见图 3-61。切胶时，先用切圈机将钢丝胎的胎圈切下（也可进一步将胎侧切下，使胎面和胎侧分开）；再用切条机将去掉胎圈的钢丝胎切成条状，条的宽度为 3～5cm；最后用切块机将轮胎长条切成块状，得到 3～5cm 的矩形胶块。将胶块用输送机运送到洗胶机处连续洗胶，洗净的胶块放在专门的胶块存放处，供粉碎工序使用。

图 3-61　钢丝胎切胶

② 钢丝胎的粉碎　粉碎机组由主机（粉碎机，又称破胶机）与辅机两部分构成：主机为双辊筒破胶机，前辊筒为光辊，后辊筒为沟辊；辅机设备由主振动筛、块料输送机、胶粉分选振动筛、粉料输送机、钢丝与胶粉磁选分离机等组成，配合主机完成整个工艺流程。钢丝胎粉碎见图 3-62。胶粉粒径大小由胶粉分选振动筛的目数确定。一般再生胶为 26～32 目，精细活化胶粉为 60 目以上。

（3）非钢丝胎的粉碎　非钢丝胎废胶指废纤维胎（尼龙胎）、废水胎、废胶管、废胶带、废胶鞋类和零星杂品胶等。粉碎前要进行切胶、洗胶，粉碎后要进行风选、过筛，最后得到符合要求的胶粉。

① 切胶　纤维胎在切胶前要用切圈机将胎圈切除，然后再进行切胶。一般用铡式切胶机切胶，具体要求是：外胎类宽在 10cm、厚在 3cm 以下的，切割长度不大于 25cm；厚在 3cm 以上的，切割长度不大于 15cm。废水胎、废胶管、废胶带等长条胶料厚度在 2cm 以下的，切割长度不大于 30cm。废胶鞋类和零星杂品胶可不切割。其他特殊胶料视具体情况确定切割的尺寸大小。

② 洗胶　水洗时将切割好的废旧橡胶定量定时地投入到锥形圆筒转鼓洗涤机中，投料要均匀，水量要充足，洗后的胶料要达到基本上无泥沙杂质，并保持清洁。晾干后，堆放在车间内备用。

图 3-62　粉碎机组

③ 粉碎　不含钢丝的废胶的粉碎设备有多种，如双辊筒破胶机、多刀式粉碎机、锥形磨碎机等。目前我国以双辊筒破胶机粉碎为主，其装置与钢丝胎粉碎相似，只是在粉碎机组中没有钢丝与胶粉磁选分离机。

④ 风选　粉碎合格的胶粉，由输送器送入旋风分离器进行分离，把纤维杂质从胶粉中进一步分出，然后由风机把胶粉送到胶粉仓备用。

2. 脱硫工段

脱硫是再生胶生产中的一个主要环节，它是关系到再生胶产品质量好坏的关键工段。脱硫前应选择好脱硫工艺条件和配方，一般应先进行小型模拟试验，待取得可靠数据后方可投入生产。

(1) 称量与计量　按照配方准确称量与计量。胶粉用磅秤称量，之后将称量好的胶粉放入投料储斗中；液体煤焦油、松焦油等软化剂用计量油泵计量，因其黏度较大，在计量前要加热处理，固体煤焦油为块状，也可用磅秤称量；活化剂等小料用台秤称量；热水放在计量桶中，按计量桶上的刻度计量。

(2) 投料、脱硫与排料　脱硫工段的主要设备是动态脱硫罐，加热方式有电加热、导热油及高压蒸汽三种形式。图 3-63 为导热油加热动态脱硫罐。

图 3-63　导热油加热动态脱硫罐

133

投料时关闭下料口，打开加料口，边搅拌边投料，投料顺序为：1/2 胶粉→软化剂、活化剂→1/2 胶粉→热水。

加料完毕，关闭加料口，关闭放气阀和放空阀，设置好搅拌的正反转（一般 15min 转动换向），作好记录。温度和压力达到规定值后停止加热，保压到规定时间后，停止搅拌，打开放气阀放气，为防止胶粉随蒸汽一起排出，放气阀打开时先缓慢、再加大、再全部打开，最后打开放空阀放空，保证罐内压力为零。

出料时先打开罐上部的加料口，观察物料的脱硫情况，再关闭加料口，开动搅拌装置正向转动，打开下料口出料，不允许出料口与下料口同时打开，以防空气对流，避免胶粉着火现象发生。出料时如果下部为输送带接料，可根据输送带的运输情况确定下料口打开的大小，如果用小车接料，当小车装满后，关闭下料口，另一空小车接料时再打开下料口，以防物料排到地面。排出的物料放在停放场地停放冷却，如果未经场地停放，为防止物料过厚引起胶粉起火，物料厚度不要超过 10cm。

3. 精炼工段

停放后的胶料进入精炼工段，先捏炼，再滤胶，最后精炼出片。对要求不高的再生胶，也可不滤胶，捏炼后直接精炼出片。

(1) 捏炼　捏炼有薄通连续捏炼法和单机自动翻胶捏炼法。薄通连续捏炼法是胶料由 2～3 台捏炼机薄通，其辊距第一台较大，第二、第三台依次变小，薄通次数第一台机较少，第二、第三台机依次增多，以形成三台机为连续捏炼线，此法劳动强度低，适用于大型再生胶厂。单机自动翻胶捏炼法是胶料通过自动翻胶装置在捏炼机上反复连续捏炼。其优点是设备使用灵活，适用于中小型再生胶厂。

(2) 滤胶　捏炼后的胶料由供胶机连续供给滤胶机过滤，清除杂质。滤胶机有 ϕ150mm、ϕ250mm 两种规格，可按生产规模选用。为使在换滤网和检修时不影响生产，应配备两台滤胶机，胶条可通过架空带送往另一台滤胶机。过滤后的胶料经胶带机输送到精炼机下片。

(3) 精炼出片　精炼机规格为 ϕ480mm×610mm×800mm。普通再生胶和精细再生胶为一遍出片。精炼后的胶片厚度：普通胶为 0.3～0.4mm；精细胶为 0.25～0.35mm；高强胶为 1～2 遍出片，厚度为 0.25～0.35mm，出片用出片机辊筒卷取下片。出片机为精炼机的辅机，由卷取辊筒、计数装置、切刀与自控系统组成，根据给定胶片的层数确定卷取辊筒的工作转速，再进行切断、割尾、扎片和第二次卷取等过程，由自控装置指挥生产。

在粉碎、脱硫与精炼过程中产生的粉尘、油烟等应抽风排放，以改善操作条件。

4. 工艺布置

(1) 车间总体布置　动态脱硫法再生胶车间均为单层厂房。由于再生胶生产连续化水平较高，三个工段之间的生产工序紧密连接，厂房一般都连在一起，但因工作性质不同，为减少相互影响而彼此隔开。车间通常按粉碎、脱硫、精炼工段依次排成一字形或 L 形。也可将脱硫工段布置在粉碎工段与精炼工段结合部的旁边。总之，如何布置有利，需根据地形和总图布置方案决定。

在总图布置上，废胶仓库应靠近粉碎工段，成品库应靠近精炼工段，或将仓库与车间连在一起，以缩短运输距离。油炉房应靠近脱硫工段。粉碎工段灰尘较多，应布置在整个车间的下风向。

(2) 粉碎工段的工艺布置

① 废胶料切块、洗涤应布置在车间的一端，距离粉碎机应远一些，或者间隔开，以免影响整个车间的环境卫生。

② 粉碎机的布置有横排和纵排两种方案，以纵排（即顺墙）为好，这样光线好，操作人员可兼管其他机台，而且沿墙安装机械化装置，也不影响通道，生产安全。粉碎工段厂房高度一般为 6.0～6.5m，安装两条流水线纵排时，厂房宽度应为 15m。因灰尘较多，需采取通风除尘措施。废胶洗涤的污水需经沉淀后再行排出。

③ 粉碎工段的工艺平面布置方案见图 3-64。

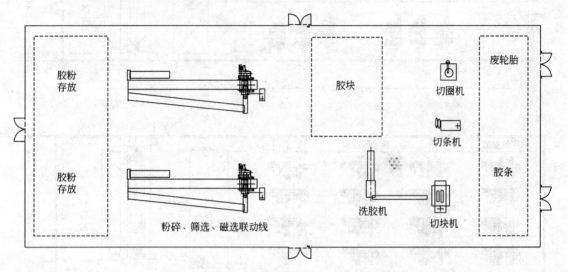

图 3-64　废钢丝胎粉碎车间工艺平面布置

（3）脱硫工段与精炼工段的工艺布置

① 脱硫与精炼可以布置在同一厂房内，为单层厂房，高度为 6.0～6.3m，动态脱硫罐放在 1.3～1.5m 高的基础上，基础加脱硫罐的机座高度为 1.7～2.0m，如果用小车出料可高些，用输送带或螺旋冷却出料机出料可低些。动态脱硫罐上部为操作平台，平台表面与加料口持平，或稍低于加料口，面积约为 4000mm×8000mm，以操作方便为准。如果为多个脱硫罐，可以集中布置，使用统一操作平台。

② 软化剂池和活化剂池需布置在脱硫工段附近，与油料秤和油泵隔开，水箱可放在操作平台上。

③ 供试验用的小脱硫罐可布置在操作平台上，也可放在实验室。

④ 操作平台上部设 5t 提升电梯或电动提升装置，以供胶粉、松香等物料的搬运。

⑤ 如果脱硫与精炼布置在一个大厂房内，宽度一般为 22～25m。

⑥ 脱硫工段温度较高，需采取通风措施，脱硫罐上部要设天窗和强排风机，以便将出罐时的蒸汽及时排出。

⑦ 脱硫与精炼之间距离为 15～20m，两者之间为胶料停放场。

⑧ 如果不滤胶，精炼工段的捏炼与精炼布置为线形布置，可三台一线，也可四台一线，可横排也可纵排，以操作方便为准。横排时在车间中部为运输通道，纵排时通道布置在精炼线两端。

⑨ 如果滤胶，在捏炼与精炼之间布置滤胶机，排列方式与不滤胶情况相似，只是横排时车间要加长，纵排时车间加宽。

脱硫工段与精炼工段的工艺布置见图 3-65。

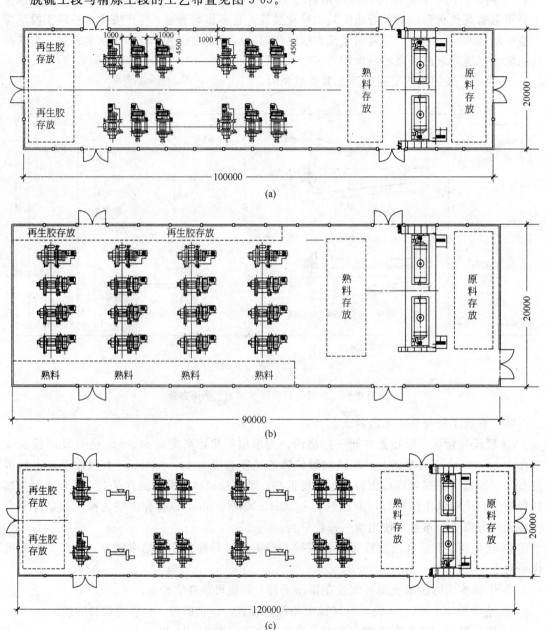

图 3-65　脱硫工段与精炼工段的工艺布置

二、废旧塑料制品回收和循环利用工艺设计

2009 年，我国塑料制品累计总产量约 4500 万吨，大量消费后的废旧塑料处理问题已成为当今地球环境保护的热点。目前，废旧塑料的处理有下述几种途径：①填埋；②焚烧；③堆肥化；④回收再生；⑤采用降解塑料。在此主要介绍废旧塑料回收与再生工艺设计问题。

（一）塑料回收再生方法

塑料回收后再生方法有熔融再生、热裂解、能量回收、回收化工原料及其他方法。

（1）熔融再生 熔融再生是将废旧塑料重新加热塑化而加以利用的方法。因废旧塑料的来源不同，此法又可分为两类：一是由树脂厂、加工厂的边角料回收的清洁废旧塑料的回收；二是经过使用后混杂在一起的各种塑料制品的回收再生。前者称单纯再生，可制得性能较好的塑料制品；后者称复合再生，一般只能制备性能相对较差的塑料制品，且回收再生过程较为复杂。

（2）热裂解 热裂解是将挑选过的废旧塑料经热裂解制得燃料油、燃料气的方法。

（3）能量回收 能量回收是利用废旧塑料燃烧时所产生热量的方法。

（4）回收化工原料 一些品种的塑料，如聚氨酯可通过水解获得合成时的原料单体。这是一种利用化学分解将废旧塑料变成化工原料进行回收的方法。

（5）其他 除了上述废旧塑料的回收方法外，还有多种利用废旧塑料的方法，如将废旧聚苯乙烯泡沫塑料粉碎后混入土壤中以改善土壤的保水性、通气性和排水性，或作为填料同水泥混合制成轻质混凝土，或加入黏合剂压制成垫子等。

在以上诸多方法中，熔融再生法约占90%，本节主要介绍熔融再生法的回收与循环利用知识，其他仅作简单介绍。

（二）废旧塑料的熔融再生法

1. 工艺流程

废旧塑料的熔融再生法工艺流程如图3-66所示。

图3-66 废旧塑料的熔融再生法工艺流程

2. 废旧塑料的分拣

废旧塑料来源复杂，常混入金属、橡胶、织物、泥沙及其他各种杂质，且不同品种的塑料往往混在一起，这不仅会对用回收的废旧塑料进行加工造成困难和对生产的制品质量造成影响，而且混入的金属杂质还会损坏加工设备。由于不同树脂的熔点、软化点相差较大，为使废旧塑料得到更好的再生利用，最好分类处理单一品种的树脂，因此，在用废旧塑料生产制品时，不仅要将废旧塑料中的各类杂质清除掉，而且也要将不同品种的塑料分开，只有这样才能制得优质再生制品。分离筛选是废旧塑料回收的重要环节。

废旧塑料的分选方法有手工分选、磁选、密度分选、静电分选、浮选、温差分选和风筛分选等方法。

（1）手工分选 手工分选步骤如下。

① 除去金属和非金属杂质，剔除质量严重下降的废旧塑料。

② 先按制品，如薄膜（农用薄膜、本色包装膜、杂色包装膜等）、瓶（矿泉水瓶、碳酸饮料瓶、牛奶瓶、洗涤剂瓶等）、杯和盒类、鞋底、凉鞋、泡沫塑料、边角料等进行分类，再根据塑料鉴别法分类不同的塑料品种，如聚乙烯、聚丙烯、聚氯乙烯、聚苯乙烯、聚酯、聚氨酯等。

③ 将经上述分类的废旧塑料制品再按颜色深浅和质量分选。颜色可分成黑色、红色、棕色、黄色、蓝色、绿色和无色几种。

（2）磁选 磁选的主要目的是除去混入在废旧塑料中的钢铁碎屑杂质，因这些细碎钢铁屑不易用手工分选的方法除去，所以必须通过磁选的方法清除干净。

（3）密度分选　密度分选是利用不同塑料具有不同密度这一性质进行分选的方法，通常有溶液分选、水力分选等。

溶液分选法是将混杂的废旧塑料放进某种具有一定密度的溶液中，然后根据废旧塑料在该溶液中的沉浮状态来进行分选。溶液分选方法的优点是简易可行，只要选择配制一种或几种溶液就可以进行大批量分选，避免了繁琐的人工分选。其缺点是有些种类的塑料的密度非常接近，因此，要获得高纯度的分离物比较困难。

水力分选常使用水力旋风分离器，日本塑料处理促进会利用离心分离原理和塑料的密度差开发了水力旋风分离器。将混合塑料经粉碎、洗净等预处理后装入储槽，然后定量输送至搅拌器，形成的浆状物通过离心泵送入旋风分离器，在分离器中密度不同的塑料被分别排出。美国 Dow 化学公司也开发了类似的技术，它以液态碳氢化合物取代水来进行分离，取得了较好的效果。

（4）静电分选　静电分选是利用各种塑料不同的静电吸力来进行分选的方法。具体方法是预先将废旧塑料粉碎成面积约为 $10mm^2$ 的小块，经干燥后，利用高压电极进行分选。对于多种混杂在一起的废旧塑料需通过多次分选，这是因为每通过一次预选设定电压的高压电极只能分选出一种塑料。静电分选法特别适用于带极性的聚氯乙烯，分离纯度可达 100%。

（5）浮选分选　浮选分选是利用润湿剂改变水对塑料表面的润湿性，使某些塑料由疏水性变为亲水性下沉，而仍为疏水性的塑料表面黏附上气泡而上浮，从而达到分离目的的方法。浮选法分离不同种类的塑料时，与塑料的密度、形状、大小等无关，它是利用水对塑料表面润湿性能的不同来进行分选的。

（6）温差分选　温差分选也称为低温分选，它是利用各种塑料具有不同的脆化温度来进行分选的方法。具体温差分选工艺如下：将混杂的废旧塑料经一次粉碎后置于温度为−50℃的冷却器中冷却并粉碎，脆化温度在−50℃以下的塑料即被粉碎，经筛分后分出。尚未粉碎的塑料再置于温度为−100℃的冷却器中冷却并粉碎，然后筛分出脆化温度在−100℃以下的塑料。温差分选的优点是可将分选和粉碎在一道工序中完成，但成本较高，目前此法还在改进发展中。

（7）风筛分选　风筛分选是将经粉碎的塑料放在分选装置内喷射，风从横向或逆向吹入，利用不同塑料对气流的阻力与自重的合力差进行分选的方法。由于粉碎后粒度的粗细会影响分选的效果，所以此法要求粉碎后的粒度粗细均匀。此法也可用于分选塑料中混入的石子和砂子等。

3. 废旧塑料的清洗和干燥

废旧塑料通常在不同程度上沾染有油污、垃圾、泥沙等，这些杂质会严重影响再生塑料制品的质量，因此，必须对废旧塑料进行清洗。清洗的方法有手工清洗和机械清洗。

（1）手工清洗和干燥　手工清洗要根据制品品种和污染程度决定具体的清洗方法。

一般农用薄膜及包装薄膜清洗过程为：温碱水清洗（去油污）→刷洗→清水漂洗→晒干。

包装有毒药的薄膜和容器的清洗过程为：石灰水清洗（中和去毒）→刷洗→清水漂洗→晒干。

（2）机械清洗和干燥　机械清洗有间歇式和连续式两种。间歇式是先将废旧塑料（以废旧薄膜为例）放在装有热碱水溶液的容器中浸泡一定时间，然后通过机械搅拌使薄膜彼此摩擦和撞击，以达到除去沾染的污物的目的，再取出清洗后的薄膜的方法。连续式是间歇式的改进方法，切碎的废旧塑料连续喂入，清洗后的薄膜连续排出。

目前也有采用超声波进行清洗的，超声波清洗力强，但目前成本较高。

4. 熔融再生造粒

熔融再生是将废旧塑料加热熔融后重新塑化。根据原料性质，可分为简单再生和复合再生两种。

简单再生主要回收树脂厂和塑料制品厂的边角废料以及那些易于挑选清洗的一次性消费品，如聚酯饮料瓶、食品包装袋等。回收后其性能与新料差不多。

复合再生的原料则是从不同渠道收集到的废弃塑料，经清洗、干燥、分选后进行熔融再生造粒。废旧塑料一般经过使用后均产生不同程度的老化，所含助剂也有不同程度的损失，所以在造粒前常需适当补充某些助剂，尤其是软质聚氯乙烯塑料，常需补充增塑剂、稳定剂等。由于再生塑料常由许多不同颜色的废旧塑料混合而成，所以一般在再生加工时均需添加深色的着色剂。这里应注意的是，添加助剂要考虑用价格较低的品种，因再生制品的价格一般较低。

再生造粒较多采用挤出成型机，如图 3-67 所示。目前也开发出不少专门用于薄膜回收的造粒装置，如图 3-68 所示。

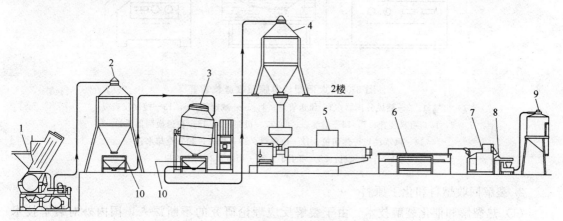

图 3-67　再生造粒机

1—粉碎机；2, 4—真空罐；3—转筒；5—挤出机；6—水槽；

7—切粒机；8—载料器；9—储罐；10—料斗

（三）废旧塑料的其他回收与利用技术

1. 焚烧回收能量

聚乙烯与聚苯乙烯的燃烧热高达 46000kJ/kg，超过燃料油的平均值 44000kJ/kg，聚氯乙烯的热值也高达 18800kJ/kg。废旧塑料燃烧速度快、灰分低，国外用它代替煤或油用于高炉喷吹或水泥回转窑。由于 PVC 燃烧会产生氯化氢，腐蚀锅炉和管道，并且废气中含有呋喃、二噁英等。美国开发了 RDF 技术（垃圾固体燃料），将废旧塑料与废纸、木屑、果壳等混合，既稀释了含氯的组分，又便于储存运输。对于那些技术上不可能回收（如各种复合材料或合金混炼制品）和难以再生的废旧塑料，可采用焚烧处理，回收热能。优点是处理数量大、成本低、效率高。缺点是产生有害气体，需要专门的焚烧炉，设备投资、损耗、维护、运转费用较高。

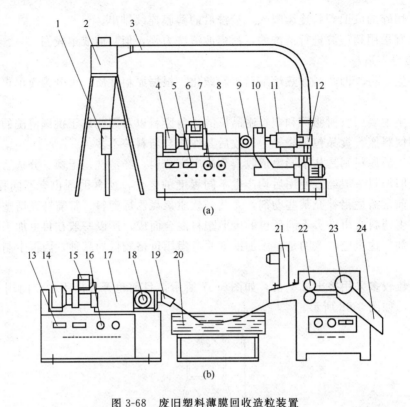

图 3-68　废旧塑料薄膜回收造粒装置

1—出料口；2—旋风分离器；3—风送管道；4，14—减速箱；5，13—控制仪表板；

6，15—喂料装置；7，16—温度表；8，17—机筒；9，18—快速换网器手轮；

10—风罩；11—热切机；12—出料口；19—机头；20—冷却水；

21—干燥风机；22—牵引辊；23—切刀；24—出料口

2．裂解回收燃料和化工原料

（1）热裂解和催化裂解技术　由于裂解反应理论研究的不断深入，国内外对裂解技术的开发取得了许多进展。裂解技术因最终产品的不同分为两种：一种是回收化工原料；另一种是得到燃料（汽油、柴油、焦油等）。日本富士循环公司将废旧塑料转化为汽油、煤油和柴油的技术，采用 ZSM-5 催化剂，通过两台反应器进行转化反应，将塑料裂解为燃料。每千克塑料可生成 0.5L 汽油、0.5L 煤油和柴油。美国 Amoco 公司开发了一种新工艺，可将废旧塑料在炼油厂中转变为基本化学品。经预处理的废旧塑料溶解于热的精炼油中，在高温催化裂化催化剂作用下分解为产品。由 PE 回收得 LPG（液化石油气）、脂肪族燃料；由 PP 回收得脂肪族燃料；由 PS 可得芳香族燃料。国内也有大量对废旧塑料降解工艺过程催化剂的研究报道。以 PE、PS 及 PP 为原料的催化裂化过程中，理想的催化剂是一种分子筛型催化剂，表面具有酸性，操作温度为 360℃，液体收率在 90% 以上，汽油辛烷值大于 80。

将废旧塑料通过裂解制得化工原料和燃料是资源回收的途径。德国、美国、日本等都有这方面的研究和生产工厂。我国在北京、西安、广州也建有小规模的废塑料油化厂，但是目前尚存在许多待解决的问题。由于废旧塑料导热性差，塑料受热产生高黏度融化物，不利于输送；废旧塑料中含有 PVC 导致 HCl 产生，腐蚀设备的同时使催化剂活性降低；炭残渣黏附于反应器壁，不易清除，影响连续操作；催化剂的使用寿命和活性较低，使生产成本提高；生产中产生的油渣目前无较好的处理办法等。国内关于热解油化的报道很多，但如何吸收已有的成果，攻克技术难点，是我们目前迫切需要做的工作。

（2）超临界油化法　水的临界温度为 374.3℃，临界压力为 22.05MPa。临界水具有常态下有机溶液的性能，能溶解有机物而不能溶解无机物，而且可与空气、氧气、氮气、二氧化碳等气体完全互溶。日本专利有用超临界水对废旧塑料（PE、PP、PS 等）进行回收的报道，反应温度为 400～600℃，反应压力为 25MPa，反应时间在 10min 内，可获得 90% 以上的油化收率。用超临界水进行废旧塑料降解的优点是很明显的：①水做介质成本低廉；②可避免热解时发生炭化现象；③反应在密闭系统中进行，不会给环境带来新的污染；④反应快速、生产效率高等。

（3）气化技术　气化法的优点在于能将城市垃圾混合处理，无需分离塑料，但操作需要高于热分解法的高温（一般在 900℃ 左右）。德国 Espag 公司的 Schwarze Pumpe 炼油厂每年可将 1700t 废旧塑料加工成城市煤气。RWE 公司计划每年将 22 万吨褐煤、10 万吨塑料垃圾和城镇石油加工厂产生的石油矿泥进行气化。德国 Hoechst 公司采用高温 Winkler 工艺将混合塑料气化，再转化成水煤气作为合成醇类的原料。

（4）氢化裂解技术　德国 Vebal 公司组建了氢化裂解装置，使废旧塑料颗粒在 15～30MPa，470℃ 下氢解，生成一种合成油，其中链烷烃为 60%、环烷烃为 30%、芳香烃为 1%。这种加工方法的能量有效利用率为 88%，物质转化有效率为 80%。

3. 其他利用技术

废旧塑料还有着广泛的用途。美国得克萨斯州立大学采用黄沙、石子、液态 PET 和固化剂为原料制成混凝土，Bitlgosz 将废旧塑料用作水泥原材料。国内有利用废旧塑料与木料、纸张等制备中孔活性炭；应用废旧聚苯乙烯制备涂料；用 HDPE 作原料，通过一种特殊的方法，使长度不同的玻璃纤维在模具内沿着物料流向的轴向同向，从而生产高强度塑料枕木；用废旧塑料改性沥青，将某一种或几种塑料按一定比例均匀溶于沥青中，使沥青的路用性能得到改善，从而提高沥青路面质量，延长路面寿命等。

自测题

1. 废旧橡塑制品的主要来源。

2. 中国废旧橡胶资源循环利用的产业链由哪八个大的环节构成？

3. 轮胎翻修方法主要有几种？目前我国主要采用哪种方法？为什么？

4. 预硫化胎面翻新法工艺流程如何？

5. 为什么预硫化胎面的硫化程度一般控制在正硫化点的 80%？

6. 轮胎翻新车间工艺布置的原则。

7. 我国再生胶生产方法主要采用哪种生产工艺？

8. 叙述再生胶动态脱硫法的工艺流程。

9. 再生胶动态脱硫法包括哪三大工段？

10. 动态脱硫法的脱硫投料顺序如何？

11. 简述动态脱硫法脱硫从进料到出料的主要操作过程。

12. 如何进行再生胶车间的总体布置？

13. 精炼出片时，普通、精细、高强胶的胶片厚度一般为多少？

14. 简述脱硫工段与精炼工段的工艺布置要点，并绘出相应的布置示意图。

15. 废旧塑料的处理主要有几种途径？

16. 塑料回收后再生方法主要有哪几种？
17. 废旧塑料的熔融再生法的工艺流程如何？
18. 废旧塑料的分拣方法主要有哪几种？
19. 熔融型废旧塑料再生造粒的主设备是什么设备？试画出造粒的示意图。

附　　录

附录1　橡胶设备检修系数计算表

序号	设备名称	大修		中修		小修		一个大修周期内		检修系数
		间隔期/a	检修天数/d	间隔期/a	检修天数/d	间隔期/a	检修天数/d	总计生产天数/d	检修占用生产天数/d	
1	100t 卧式液压切胶机	3	10	1	5	1/2	2	918	$8+2×4+6×1=22$	0.024
2	ϕ560mm 开炼机	6	30	2	7	1/2	3	1836	$25+2×6+12×2=61$	0.033
3	XM250/20G 密炼机	4	40	2	15	1/2	5	1224	$34+13+8×4=79$	0.065
4	ϕ610mm 四辊压延机	5	30	2	10	1/4	3	1530	$25+2×8+20×1=61$	0.040
5	ϕ250mm 胎面挤出机	4	20	2	5	1/2	3	1224	$17+1×4+8×2=37$	0.030
6	卧式裁断机	6	10	2	5	1/4	3	1836	$8+2×4+24×2=64$	0.035
7	外胎层布贴合机	3	5	1	3	1/2	2	918	$4+2×3+6×1=16$	0.017
8	外胎压辊包边成型机	6	30	2	7	1/4	3	1836	$25+2×6+24×2=85$	0.046
9	外胎双膜定型硫化机	6	15	1	7	1/6	2	1836	$12+5×6+36×2=114$	0.062
10	内胎电动硫化机	5	20	2	5	1/2	3	1530	$17+2×4+10×2=45$	0.029
11	垫带水压硫化机	6	10	2	5	1	3	1836	$8+2×4+6×2=28$	0.015
12	20m 双面胶管成型机	4	40	2	20	1/4	5	1224	$34+18+16×4=116$	0.095
13	胶管卧式硫化罐	—	—	1	20	—	—	306	18	0.059
14	V 带颚式平板硫化机	4	15	2	7	1/2	3	1224	$12+1×6+8×2=34$	0.028
15	平带平板硫化机	9	60	3	30	1/2	7	2754	$52+2×26+18×6=212$	0.077

注：1. 大、中修间隔期，取自原化工部橡胶司 1977 年编制的《橡胶厂设备维护检修规程》。

2. 大修期间内的节目，按平均利用 1d 计算。大修期间内和星期天，按全部利用计算。在"检修占用生产天数"统计中已经减去。

3. 因大修包括中修内容，所以每个大修周期内的中修按减少一次计算；在"检修占用生产天数"统计中已经减去。

4. 小修时均按能利用一个星期天计算，因此小修实际占用生产天数，按"小修天数"减去 1d 计算。

附录2 橡胶设备利用系数计算表

序号	设备名称	每班生产时间/min	每班生产准备及终结损失时间/min				每班生产中断损失时间/min		每班非生产时间合计/min	每班实际生产时间/min	设备利用系数
			交接班	生产准备	终结清理	小计	中断原因	小计			
1	100t 卧式液压切胶机	450	10	5	5	20			20	430	0.96
2	φ560mm 开炼机	450	10	5	5	20			20	430	0.96
3	XM250/20G 密炼机	450	10	5	5	20			20	430	0.96
4	φ610mm 四辊压延机	450	10	20	10	40	每班换料共用20min,升降温共用30min	50	90	360	0.80
5	φ250mm 胎面挤出机	480	10	20	10	40	每班换胶料、换样板、调整规格共用40min	40	80	400	0.83
6	卧式裁断机	450	10	5	10	25	每班换卷、调整规格共用80min	80	105	345	0.74
7	外胎层布贴合机	450	10	5	10	25			25	425	0.94
8	外胎压辊包边成型机	450	10	5	10	25			25	425	0.94
9	外胎双模定型硫化机	480	10	5	10	25	小维修:平均每台每班 5min	5	30	450	0.94
10	内胎电动硫化机	450	10	5	5	20			20	430	0.96
11	垫带水压硫化机	450	10	5	5	20			20	430	0.96
12	平带平板硫化机	480	每星期一准备和星期六终结损失的时间,平均至每班为6min				调垫铁、换规格、换热板、擦锅等平均至每班占用35min	35	41	439	0.91

注:1. 凡按台时生产能力定额计算设备时,需将"设备利用系数"计算进去。

2. 凡按台班(或台日、台年)综合生产能力计算设备时,不需把"设备利用系数"计算进去。

参 考 文 献

[1] 涂贤等. 橡胶工业手册. 第十分册：工厂设计. 修订版. 北京：化学工业出版社，1995.

[2] 张信然. 塑料工程师手册. 南京：江苏科学技术出版社，2000.

[3] 丁浩. 塑料工业实用手册. 北京：化学工业出版社，1996.

[4] 吴培熙等. 塑料制品生产工艺手册. 北京：化学工业出版社，1991.

[5] 谢忠麟等. 橡胶制品实用配方大全. 北京：化学工业出版社，2000.

[6] 朱信明. 再生橡胶再生机理、工艺与检测方法. 北京：化学工业出版社，2000.

[7] 李长禄，李如林. 中国再生橡胶行业现状及发展前景. 中国轮胎，2008，(1)：5-16.

[8] 曹庆鑫. 废橡胶循环利用发展面临新挑战. 废橡胶利用，2008，(3)：2-3.